わかるマイコン電子工作

PIC&C言語でつくる赤外線リモコン

鈴木美朗志 著

電波新聞社

巻頭カラープレビュー

PIC & C 言語でつくる電子工作

赤外線リモコンによる電球の点滅制御装置と赤外線リモコン送信機

　赤外線リモコン送信機の押しボタンスイッチの操作により、電球の点滅制御装置の点灯、消灯ができます。送信距離は、最長 4m ほどです。

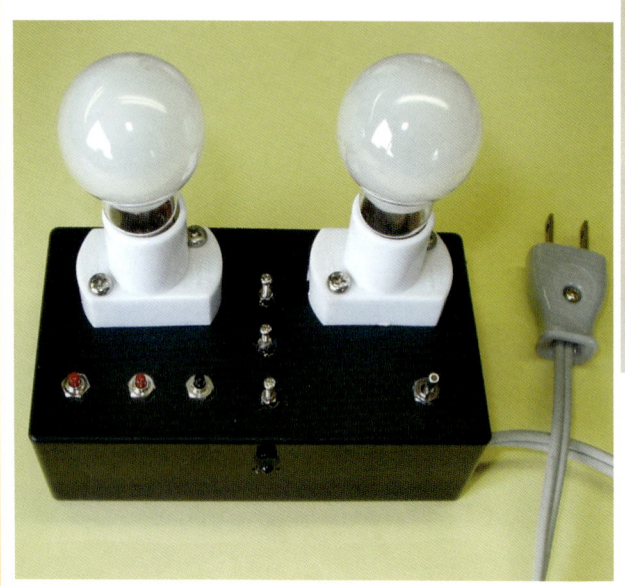
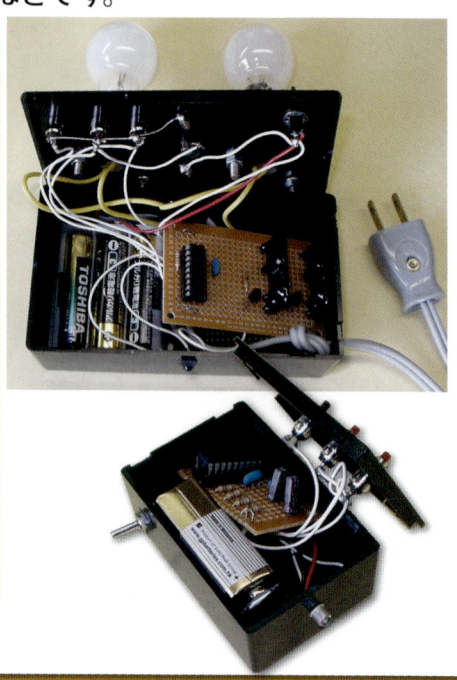

➡ 第 **1** 章

代用回路基板

　赤外線リモコンによる電球の点滅制御装置の代用回路基板です。ミニクリプトンランプの替わりに発光ダイオード(LED)を使用しても、プログラムの動作確認は可能です。

➡ 第 **1** 章

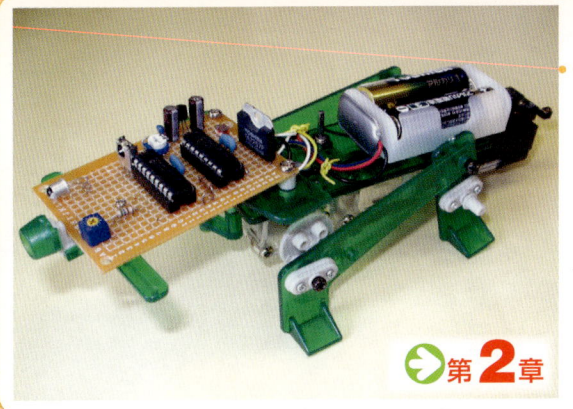

メカ・ビートル

タミヤのメカ・ビートルに、赤外線リモコン送受信回路を搭載した改造メカ・ビートルです。メカ・ビートルはツノを左右に振りながら前進および後進をし、前と後ろの障害物を避けることができます。また、CdS セルの受光面を暗くすると、一定時間のスリープ(停止)状態になります。

➡ 第 **2** 章

自走キャタピラ車と赤外線リモコン送信機

➡ 第 **3** 章

一つの基板に、赤外線リモコン送受信回路を搭載した自走キャタピラ車です。前方および左右にある障害物を避けながら自走します。また、自走と同時に、赤外線リモコン送信機の操作によって、自走キャタピラ車を自在に制御することもできます。

自走三輪車

自走キャタピラ車の回路を搭載した自走三輪車です。自走三輪車は、自走キャタピラ車とはギヤー比が異なり、また、車輪を利用するため、自走キャタピラ車の動きよりすばやい動きを見せてくれます。

➡ 第 **4** 章

赤外線リモコン・ショベルドーザと
赤外線リモコン送信機

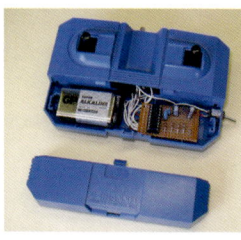

タミヤのショベルドーザは、有線のリモートコントロールで車体の前進、後進や左右旋回、およびショベルの上昇、下降の操縦ができます。このショベルドーザと付属のスティックを赤外線リモコン用に改造します。また、ショベルの前と左右に設置したマイクロスイッチの働きによって、前と左右の障害物を避けることもできます。

→ 第5章

赤外線リモコン・フォークリフトと
赤外線リモコン送信機

タミヤの有線リモコン・フォークリフトを赤外線リモコン・フォークリフトに改造します。赤外線リモコン・ショベルドーザと同様に、付属のスティックを改造した赤外線リモコン送信機によって、操縦します。

→ 第6章

単相誘導モータの正転・逆転回路基板と
赤外線リモコン送信機

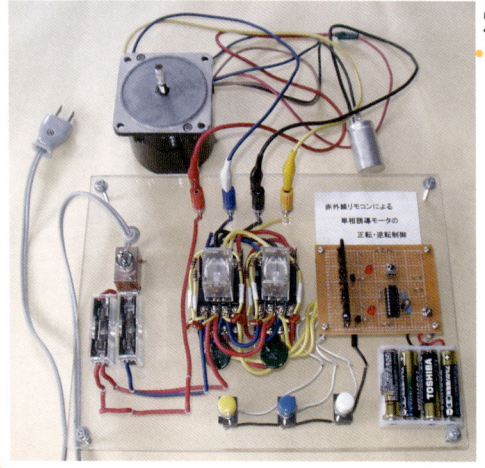

赤外線リモコン送信機の操作によって、単相誘導モータの正転、逆転、停止ができます。

→ 第7章

まえがき

　近年、赤外線リモコンを利用した機器が数多く使用され、リモコンは当たりまえになっています。半年ほど前の新聞報道によりますと、テレビのリモコンで、近くにあった電気ストーブがついたというような誤作動がニュースになりました。

　市販のテレビやエアコンのリモコン装置のふたを開けて、中を見てもしくみはよくわかりません。これは、赤外線リモコンの送信・受信回路に使われているワンチップマイコンの入手が難しく、プログラムが明らかにされていないからです。このため個人がテレビと同じリモコン装置を自作することは困難です。

　本書は、赤外線リモコンの動作原理を基礎から学び、リモコン装置を自作するために、PIC（ピック）と呼ばれるワンチップマイコンを利用します。この本で使用する PIC16F84A を選んだ理由は、①フラッシュプログラムメモリ搭載なので、何度でも(1000 回程度)プログラムを既時消去し、簡単に書き換えができ、② Z80 系、H8 などのマイコンと比べ安価で構造がコンパクトであり、リードピッチが 2.54mm の DIP（Dual In-line Package）型なので手配線が容易、③入手が簡単で、C 言語による易しいプログラムが作れる、などです。

　本書の内容は、次のような特徴があります。

1. 米国 CCS 社の C コンパイラ PCM を使用します。この C コンパイラは、プログラム開発環境ソフト MPLAB と統合して使うことができ、豊富な組込み関数と、これらをサポートするプリプロセッサコマンドが用意されています。このため、わかりやすいプログラムを作ることができます。
2. 本書のすべての回路や装置は製作することができます。回路図とともに、部品配置図や裏面配線図、および穴あけ加工と部品の固定などを掲載します。
3. フローチャートと、C 言語による全プログラムを記述し、そのどちらも、プログラムを理解するための説明を詳しく述べます。
4. 同様に、赤外線リモコンの原理や、リモコン送信・受信回路とその周辺装置の動作原理やしくみを詳しく解説します。
5. 第 2 章～第 6 章の電子工作は、(株)タミヤの工作セットの組立て・改造をするので、ロボット本体は安価で簡単に作ることができます。
6. 第 2 章のメカ・ビートル、第 3 章の自走キャタピラ車、第 4 章の自走三輪車は、一つの基板にリモコン送信回路と受信回路を搭載した自走型ロボットです。特に、自走キャタピラ車は、自走すると同時に、別に作ったリモコン送信機によって自在に操縦することができます。
7. 第 7 章に、赤外線リモコンによる単相誘導モータの正転・逆転制御を取り上げます。この回路は実用装置として利用でき、モータ回路・リレー回路・スナバ回路・各種センサ回路などの実用回路を学ぶことができます。

　近ごろ、組込みシステム、別名エンベデッドシステムという言葉をよく見聞きします。組込みシステムとは、電子回路に「マイコン」を装備して、そのマイコン上で動くプログラムにより、「組

まえがき

込み機器」を制御することで特定の機能を実現するシステムのことです。必要最小限の機能のみでシステムを構築することによって、最小化・最軽量化を図っています。

　本書の電子工作は、PIC16F84Aという組込みマイコンを装備し、そのプログラムによって、電球の点滅制御や各種のリモコンロボットを制御する組込みシステムといえます。

　この本は、赤外線リモコン技術を学ぶ電子工作ですが、大局的にはより良い組込みシステムの構築を目指しました。例えば、小さな基板にできるだけ部品点数を少なくさせたり、短く、わかりやすいプログラムの作成などです。

　ここ5、6年の間に、全国の学校や企業等で、PICはマイコン制御教育に取り上げられるようになってきました。工業教育に携わる関係者の一人として、PIC電子工作のハードウェア／ソフトウェアのどちらもわかりやすく執筆しました。この本が、読者の方々に少しでも役立てば幸いです。

　最後に、企画・出版に至るまで、終始多大な御尽力をいただいた電波新聞社 及川 健氏をはじめ、関係各位に心から御礼を申し上げる次第です。

2007年7月　著者しるす

CONTENTS

巻頭カラープレビュー　PIC & C 言語でつくる電子工作 …………… 2
まえがき …………… 5

第1章　赤外線リモコンによる電球の点滅制御 ─── 9

1-1　PIC16F84A ─── 9
　1 PICとは ………… 9　　　　2 PIC16F84Aの外観と各ピンの機能 ………… 10
　3 PIC16F84Aの特徴 ………… 11

1-2　CCS社-Cコンパイラの概要 ─── 12
1-3　PICライタ ─── 13
1-4　赤外線リモコンの原理 ─── 14
　1 リモコンとは ………… 14　　2 赤外LEDと赤外線リモコン受信モジュール ………… 14
　3 赤外線通信の送受信波形 ………… 16　4 送受信データの構成 ………… 17

1-5　赤外線リモコン送信回路 ─── 19
1-6　赤外線リモコン送信機の製作 ─── 21
1-7　赤外線リモコンによる電球の点滅制御回路 ─── 23
1-8　電球の点滅制御回路基板の製作 ─── 27
1-9　代用回路 ─── 30
1-10　電球の点滅制御 ─── 33
　1 送信回路のフローチャートとプログラム ………… 33
　2 電球の点滅回路のフローチャートとプログラム ………… 40

第2章　メカ・ビートル ─── 45

2-1　メカ・ビートル制御回路 ─── 45
　1 電源回路 ………… 47　　　2 DCモータ回路 ………… 48
　3 CdSセル回路 ………… 51　　4 赤外線送信・受信回路 ………… 54

2-2　メカ・ビートル組み立ての注意 ─── 55
2-3　基板の製作 ─── 56
2-4　穴あけ加工と部品の固定 ─── 58
2-5　メカ・ビートルの制御 ─── 59
　1 送信回路のフローチャートとプログラム ………… 59
　2 受信回路のフローチャートとプログラム ………… 61

第3章　自走キャタピラ車 ─── 65

3-1　自走キャタピラ車の概要 ─── 65
3-2　送受信データの構成 ─── 67
3-3　赤外線リモコン送受信回路 ─── 68
3-4　送受信回路基板の製作 ─── 69
3-5　自走キャタピラ車の部品配置 ─── 71

CONTENTS

- 3-6 自走キャタピラ車の制御 ― 72
  - 1 自走キャタピラ車送信回路のフローチャートとプログラム ……… 72
  - 2 自走キャタピラ車受信回路のフローチャートとプログラム ……… 76
- 3-7 赤外線リモコン送信機による自走キャタピラ車の制御 ― 79
  - 1 送信データの構成 ……… 79
  - 2 赤外線リモコン送信回路 ……… 80
  - 3 送信回路基板の製作 ……… 82
  - 4 プログラム ……… 83

第4章 自走三輪車 ― 89
- 4-1 自走三輪車の概要 ― 89
- 4-2 自走キャタピラ車からの変更個所 ― 91
- 4-3 自走三輪車の部品配置 ― 92

第5章 赤外線リモコン・ショベルドーザ ― 93
- 5-1 ショベルドーザの概要 ― 93
- 5-2 送受信データの構成 ― 95
- 5-3 赤外線リモコン送信回路 ― 97
- 5-4 送信回路基板の製作 ― 99
- 5-5 送信機の穴あけ加工と部品の固定 ― 101
- 5-6 赤外線リモコン・ショベルドーザの受信回路 ― 102
- 5-7 受信回路基板の製作 ― 103
- 5-8 穴あけ加工と部品の固定 ― 105
- 5-9 赤外線リモコン・ショベルドーザの制御 ― 107
  - 1 送信回路のフローチャートとプログラム ……… 107
  - 2 受信回路のフローチャートとプログラム ……… 115

第6章 赤外線リモコン・フォークリフト ― 123
- 6-1 フォークリフトの概要 ― 123
- 6-2 赤外線リモコン送信回路と受信回路 ― 125
- 6-3 受信回路基板の製作 ― 126
- 6-4 穴あけ加工と部品の固定 ― 128
- 6-5 プログラムの変更 ― 130

第7章 赤外線リモコンによる単相誘導モータの正転・逆転制御 ― 131
- 7-1 赤外線リモコンによる単相誘導モータの正転・逆転制御回路 ― 131
  - 1 リレーの構造と動作 ……… 132
  - 2 単相誘導モータの回路 ……… 134
- 7-2 単相誘導モータの正転・逆転制御回路基板の製作 ― 138
- 7-3 各種センサ回路の製作 ― 141
  - 1 CdSセル回路 ……… 141
  - 2 音スイッチ回路 ……… 144
  - 3 衝撃検知回路 ……… 147
  - 4 フォトインタラプタ回路 ……… 151
  - 5 IC化温度センサ回路 ……… 154
  - 6 リードスイッチ回路 ……… 156
- 7-4 制御装置と各種センサ回路の接続 ― 160

索引 ……… 161

第1章 赤外線リモコンによる電球の点滅制御

始めの章として、まず、PIC16F84A、Cコンパイラ PCM、PIC ライタの概要を述べます。そして、赤外線リモコンによる電球の点滅制御を代表例に、第2章以降のすべての章に関係する、赤外線リモコンの動作原理、赤外線リモコン送信回路および受信回路、フローチャートとプログラムなど詳しく解説します。

1-1 PIC16F84A

1 PIC とは

PIC(ピック)とは、Peripheral Interface Controller の頭文字からなる名称であり、周辺インタフェース・コントローラを意味します。米国のマイクロチップ・テクノロジー社（Microchip Technology Inc.）により開発されたワンチップマイコンです。

PIC シリーズは、次の三つに大きく分類できます。
（1）命令長 12 ビット：アーキテクチャのロー・レンジ
（2）命令長 14 ビット：アーキテクチャのミッド・レンジ
（3）命令長 16 ビット：アーキテクチャのハイエンド

本書で扱う PIC16F84A は、中位のミッド・レンジシリーズに属し、18 ピン フラッシュ／EEPROM 8ビットマイクロコントローラとしてよく使用されます。

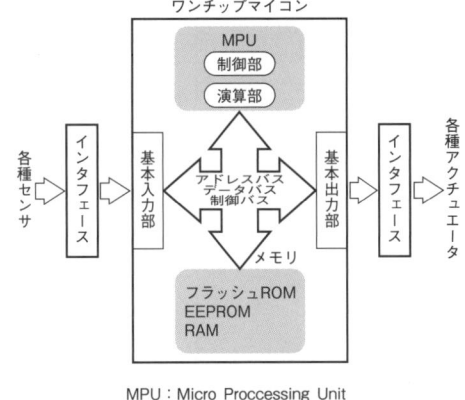

ワンチップマイコン

MPU、メモリ（ROM、RAM）、基本 I/O、AD コンバータなどのすべての構成要素を、一つの IC チップ内に収めたマイコンをワンチップマイコンまたはシングルチップマイコンと呼びます。図はワンチップマイコンの構成です。

MPU：Micro Proccessing Unit
ROM：Read Only Memory
RAM：Random Access Memory

アーキテクチャ

ハードウェア、OS、ネットワーク、アプリケーションソフトなどの基本設計や設計思想のことをアーキテクチャといいます。

第1章 赤外線リモコンによる電球の点滅制御

2 PIC16F84Aの外観と各ピンの機能

図1.1は、PIC16F84Aの外観であり、図1.2にピン配置を示します。また、表1.1は、PIC16F84Aの各ピンの機能を一覧表にまとめたものです。

図1.1 PIC16F84Aの外観

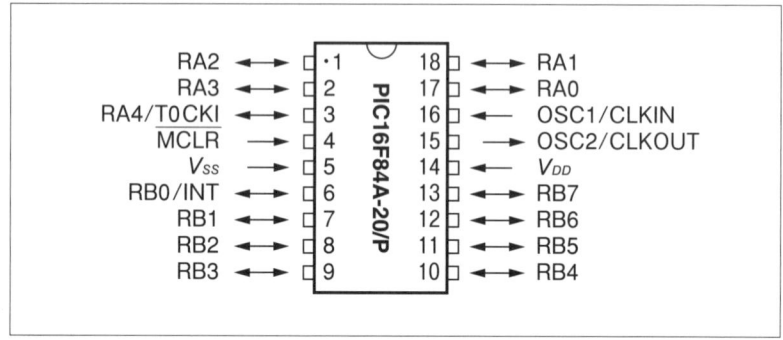

図1.2 PIC16F84Aのピン配置

表1.1 PIC16F84Aの各ピンの機能

ピン番号	名称	機能
1	RA2	入出力ポートPORTA（ビット2）
2	RA3	入出力ポートPORTA（ビット3）
3	RA4/T0CKI	入出力ポートPORTA（ビット4）/タイマクロック入力
4	$\overline{MCLR}$	リセット（Lレベルでリセット，通常はHレベル）
5	V_{SS}	GND（グランド）、接地基準
6	RB0/INT	入出力ポートPORTB（ビット0）/外部割込みピン
7	RB1	入出力ポートPORTB（ビット1）
8	RB2	入出力ポートPORTB（ビット2）
9	RB3	入出力ポートPORTB（ビット3）
10	RB4	入出力ポートPORTB（ビット4）
11	RB5	入出力ポートPORTB（ビット5）
12	RB6	入出力ポートPORTB（ビット6）
13	RB7	入出力ポートPORTB（ビット7）
14	V_{DD}	正極電源端子
15	OSC2/CLKOUT	オシレータ端子2/クロック出力
16	OSC1/CLKIN	オシレータ端子1/クロック入力
17	RA0	入出力ポートPORTA（ビット0）
18	RA1	入出力ポートPORTA（ビット1）

3 PIC16F84A の特徴

PIC16F84A は、次のような特徴があります。

(1) フラッシュプログラムメモリ（1k ワード）搭載なので、何度でも（1000 回程度）プログラムを既時消去し、簡単に書き換えができます。

(2) PIC は、RISC（Reduced Instruction Set Computer；縮小命令セットコンピュータ）という考え方で設計されています。このため、命令の単純化により1命令を1マシン・サイクルで高速に処理します。

(3) 命令数は35と少なく、すべての命令は1ワードです。また、2サイクルのプログラム分岐命令を除いて、すべて1サイクル命令です。

(4) 14ビット幅の命令、8ビット幅のデータです。

(5) I/O ピン数は13で、ピンごとに入出力設定が可能です。ポート A が 0～4(RA0～RA4)の5ビット、ポート B が 0～7（RB0～RB7）の8ビットです。

(6) PIC16F84A-20/P の最大動作周波数は20MHzで、このときの動作電圧範囲は4.5～5.5Vです。動作周波数が10MHzのとき、動作電圧の下限は3.0V以下になります。また、動作周波数が10MHzのとき、1サイクル命令の時間は0.4μsです。

(7) 1ピンごとの最大シンク電流は25mA、最大ソース電流は20mAです。RA4はオープン・ドレインのため、ソース電流はありません。

各ポートのシンク電流・ソース電流の上限は次のようになります。

　　ポート A のシンク電流：80mA
　　ポート A のソース電流：50mA
　　ポート B のシンク電流：150mA
　　ポート B のソース電流：100mA

フラッシュプログラムメモリ

プログラムを格納するメモリで、フラッシュメモリともいいます。フラッシュメモリは EEPROM の一種で、紫外線消去タイプ（EPROM）とは異なり、プログラムを電気的に何度でも書き換えることができます。フラッシュメモリは、電源を切っても記憶している内容が消えません。

ROM:Read Only Memory
PROM:Programmable ROM
EPROM:Erasable PROM
EEPROM:Electrical Erasable PROM

縮小命令セットコンピュータ

RISC を直訳したのが縮小命令セットコンピュータです。RISC は、必要最小限の命令セット（PIC16F84A は 35 命令）のみをもたせ、命令を簡略化することにより、パイプライン処理（並行して複数の命令を処理する方式）の効率を高め、演算処理速度の向上を図っています。

シンク電流・ソース電流

図のように LED を点灯させる場合、PIC の出力端子に "L" レベル（0V）を出力し、電流を吸い込んで LED を点灯させるときの電流をシンク電流といいます。また、PIC の端子端子に "H" レベルを出力し、LED に電流を流し込んで点灯させるときの電流をソース電流といいます。

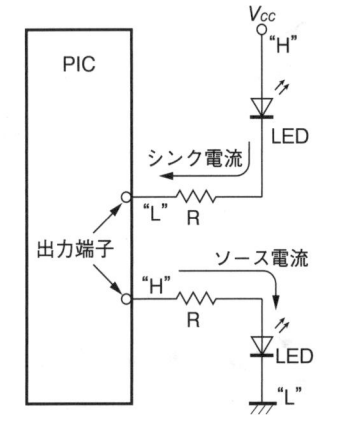

1-2 | CCS 社 -C コンパイラの概要

米国 CCS 社（Custom Computer Services Inc.）の PIC C コンパイラは、もともとは DOS 環境で動作するコンパイラですが、Windows 上で、マイクロチップ・テクノロジー社（Microchip Technology Inc.）の統合開発環境ソフト MPLAB（エムピー・ラブ）と統合することができます。

C コンパイラを MPLAB 上に組み込んでしまうと、MPLAB 環境が主となり、C コンパイラは陰に隠れてしまいます。このため、ソースファイルやプロジェクトファイルの作成、およびコンパイルやデバックが MPLAB 上でできるようになり、扱いやすくなります。

CCS-C は、当初、PCB、PCM、PCW の三つのタイプがありましたが、その後、PCH と PCWH が追加されました。PCB は 12 ビット幅の命令をもつ PIC のベースラインシリーズ用、PCM は 14 ビット幅の命令をもつミドルレンジシリーズ用のコンパイラです。そして、PCB と PCM を含み、さらにアプリケーションの開発を強力にサポートする追加機能をもったのが PCW です。また、PCH は 16 ビット幅の命令をもつハイエンドシリーズ用で、PCW に PCH を追加したのが PCWH です。

本書では、14 ビット命令長の PIC16F84A を使用しますので、PCM を使うことにします。PCM は、14 ビット命令長のおおかたの PIC に対応します。

> **MPLAB**
> MPLAB は、マイクロチップ・テクノロジー社より無料提供されている統合開発環境ソフトウェアであり、エディタ、アセンブラ、シミュレータが組み込まれています。

> **PCM**
> PCM コンパイラ本体は CD-ROM に収められていて、アイ・ピイ・アイから購入しますと、次のものが付属しています。
> ・英文マニュアル
> ・和文クイック・リファレンス・マニュアル
> CCS-C 特有のプリプロセッサコマンド、PIC の組込み関数の解説等
> ・CCS-C コンパイラのご案内
> ・MPLAB（CD-ROM）
> 写真は PCM コンパイラ本体の CD-ROM と英文マニュアルおよび和文クイック・リファレンス・マニュアルです。

1-3 PICライタ

　本書で使用するPICライタは、秋月電子通商製のPICプログラマキットVer.3です。Windowsパソコンに対応し、PICマイコンのほぼすべてにプログラムを書き込むことができます。パソコンとのインタフェースは、RS-232Cを使用します。なお、USBでは、秋月電子通商のUSB-シリアル変換ケーブルを使用し、対応します。図1.3に、PICプログラマキットVer.3の外観を示します。

> **PICプログラマキット**
> 　秋月電子通商製のPICプログラマキットは、書籍・雑誌でも多数掲載されています。リニューアルされたVer.3.5やバージョンアップキットVer.4も発売中です。

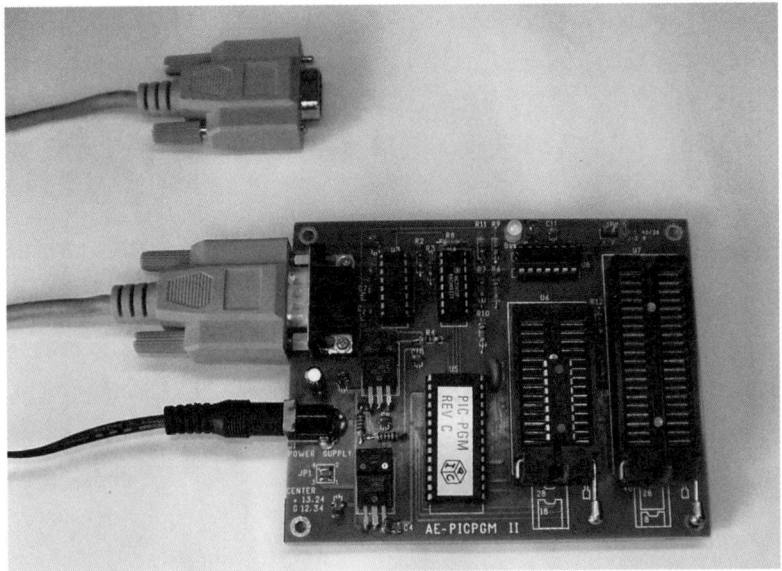

図1.3　PICプログラマキット Ver.3

1-4 赤外線リモコンの原理

1 リモコンとは

私たちの身のまわりには、テレビ、VTR などの AV 機器をはじめ、エアコン、照明器具、扇風機にいたるまで、赤外線リモコン装置が数多く使用されています。かつてのテレビのチャンネルをまわすという言葉は、とうの昔から使われていません。テレビのチャンネル操作一つをとっても、たいへん便利になりました。

人がテレビのチャンネルを切り替える、ロボットを思うように動かすなどのように、指令を与えて遠隔操作することをリモートコントロール（略してリモコン）と呼んでいます。

リモコンには有線式と無線式がありますが、この本では、無線式の赤外線リモコンの利用について解説します。

> **テレビのリモコンの発明**
>
> 米テレビメーカ、ゼニス・エレクトロニクス社の発明家 ロバート・アドラーさんと同僚が、1956 年に初のテレビ用リモコン「スペース・コマンド」を世に送り出しました。ロバート・アドラーさんは、180 以上の特許をもっていました。

2 赤外 LED と赤外線リモコン受信モジュール

図 1.4 は、PIC16F84A と赤外線リモコン受信モジュールを搭載した赤外線リモコンによる電球の点滅制御装置です。また、PIC16F84A と赤外 LED（LED：Light Emitting Diode；発光ダイオード）を利

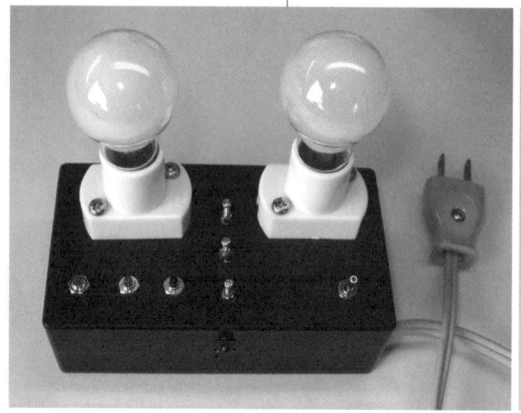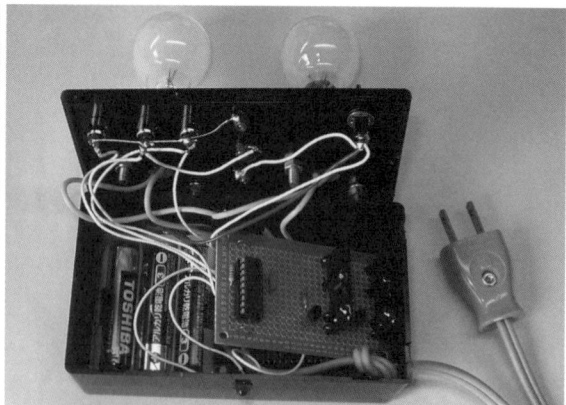

図 1.4　赤外線リモコンによる電球の点滅制御装置

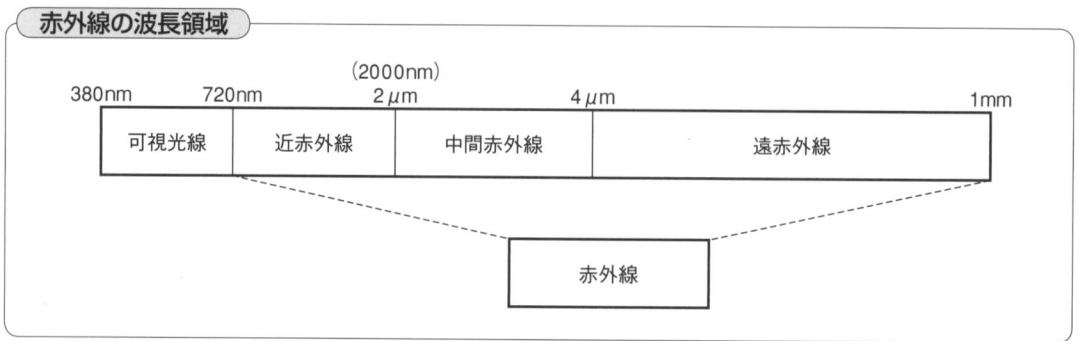

1-4 赤外線リモコンの原理

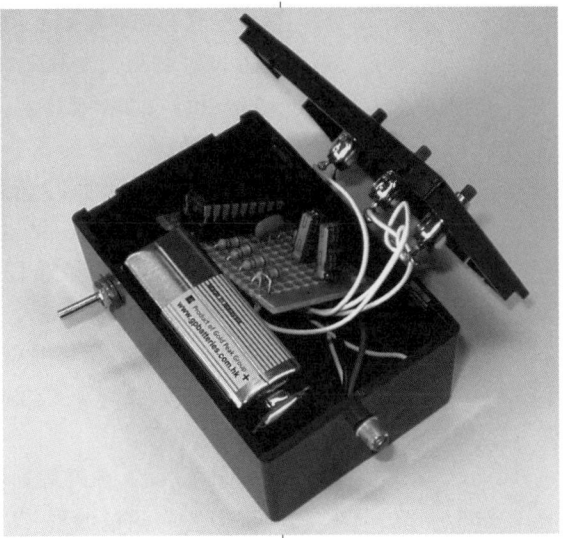

図1.5 赤外線リモコン送信機

用した赤外線リモコン送信機の外観を図1.5に示します。

赤外線リモコン送信回路で、赤外線パルスを発信するのが赤外LEDです。使用する赤外LED TLN108は、ピーク発光波長$\lambda p=940$nmで近赤外線を発光します。

赤外線：Infrared Rays(IR)は、可視光の赤色の外側に分布する電磁波の一種で、人間の目には見えない光です。赤外線は赤色光よりも波長が長く、ミリ波長の電波よりも波長の短い電磁波全般を指し、波長ではおよそ720nm～1mmに分布します。赤外線領域の中で、波長がおよそ720nmから$2\mu m$までの範囲を近赤外線と呼んでいます。

赤外線リモコン受信モジュールPL-IRM0208-A538は、キャリア周波数38kHzで点滅する波長940nm付近の近赤外線にもっともよく反応するように作られています。

PL-IRM0208-A538は、PINフォトダイオードによる光検出器、プリアンプ、電圧制御回路、自動利得制御回路、バンドパスフィルタ、復調器などが1パッケージに収まっています。図1.6に、PL-IRM0208-A538の外観と仕様を示します。

PL-IRM0208-A538は、赤外LEDからの$\lambda p=940$nm付近の近赤外線を受光し、出力端子V_{out}から"L"の信号を出力します。近赤外線

> **キャリア周波数**
>
> 赤外線リモコン送信機で赤外線パルスを発信するときは、赤外線リモコン受信モジュールの仕様に合わせて、"0"のデータは何もせず、"1"のデータのときは38kHzのパルス状の信号に変換します。この変換のことを「変調」または「キャリア」といい、キャリア周波数には38kHzが多く使われます。

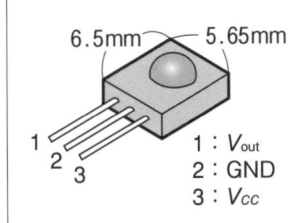

- 電源電圧 4.5～5.0V（最大5.5V）
- キャリア周波数 38kHz
- ピーク受光波長 940nm
- 出力はアクティブロウ
- 出力パルス幅 $600\mu s$
- 検出距離 0°35m ±30°9m

図1.6 PL-IRM0208-A538の外観と仕様

を受光していないときは"H"の信号を出力します。このように、入力に対し出力が反転する出力方式をアクティブロウ（Active low output）といいます。

3 赤外線通信の送受信波形

PL-IRM0208-A538はキャリア周波数が38kHzなので、赤外線通信を行う場合は、赤外LEDの点滅周波数を38kHzの方形波にしておく必要があります。また1ビット当たりの点滅の繰り返し時間は、受信モジュールの標準的な値として600μsとします。これが通信速度：600μs/bitです。つまり、"0"や"1"を送信するパルス幅は600μsになります。

図1.7は、赤外線通信の送受信波形です。図（a）において、赤外LEDから送信波形"1"を送信する場合、赤外LEDは、周波数f＝38kHz、周期T＝26μsで点滅し、この点滅を23回繰り返すと600μs間"1"を送信したことになります。"0"を送信する場合は、600μs間連続して赤外LEDを消灯させます。

受信モジュールが送信信号を受光すると、図（b）のように、アクティブロウによって、送信波形が"1"の場合は、受信モジュールの出力波形は600μsの"0"になり、送信波形が"0"の場合は幅600μsの"1"になります。すなわち、1個の方形波を形成します。このように、赤外LEDのf＝38kHz、時間600μsの点滅は、受信モジュール内の回路で反転・平滑化されます。

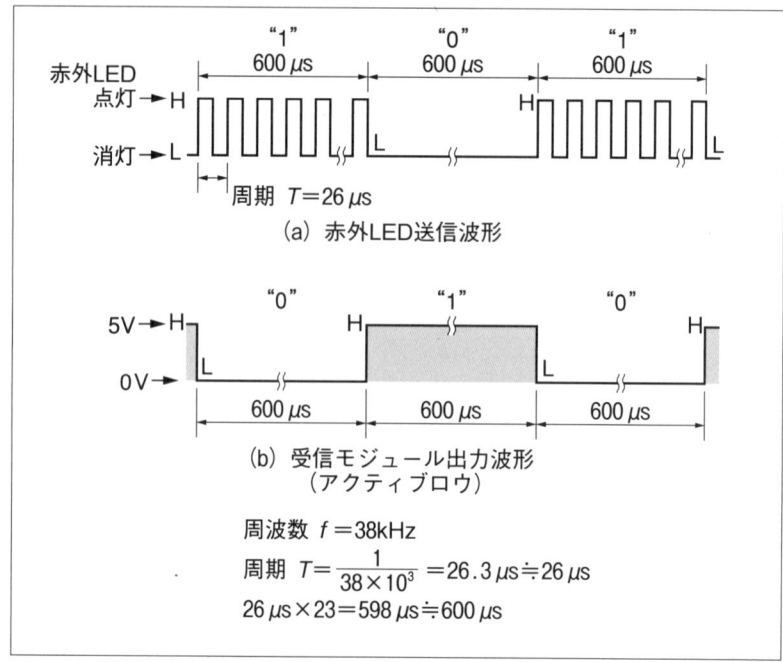

図1.7 赤外線通信の送受信波形

4 送受信データの構成

図1.8は送信データであり、図1.9にアクティブロウになった受信データを示します。

図1.8において、1回の送信データは10ビットで構成します。1ビットの送信時間は600μsで、10ビットの送信データを1回送信した後に、受信機側の誤作動を防ぐため、20msの送信停止時間を入れています。このため、1回の送信時間は600μs×10＋20ms＝26msになります。

まずスタートビットの"1"を送信し、次の2ビットのデバイスコード（01）で、デバイスの識別データを送信します。デバイスが一つの場合、デバイスコードはなくても構いません。続く2ビットのスイッチコードで、「電球L_1点灯・L_2消灯」、「電球L_2点灯・L_1消灯」、「電球L_1・L_2消灯」の動作を決めます。そして、ノイズの影響による誤

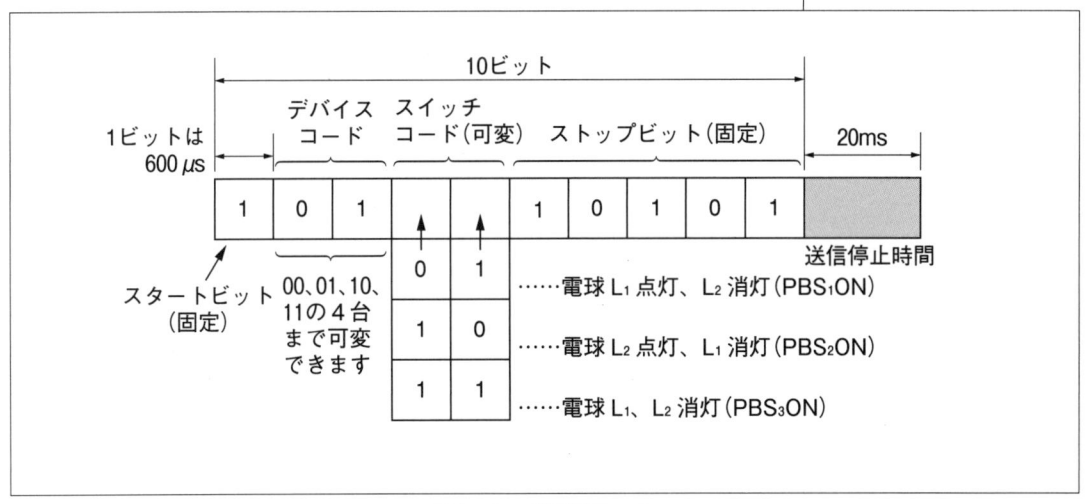

図1.8　送信データ

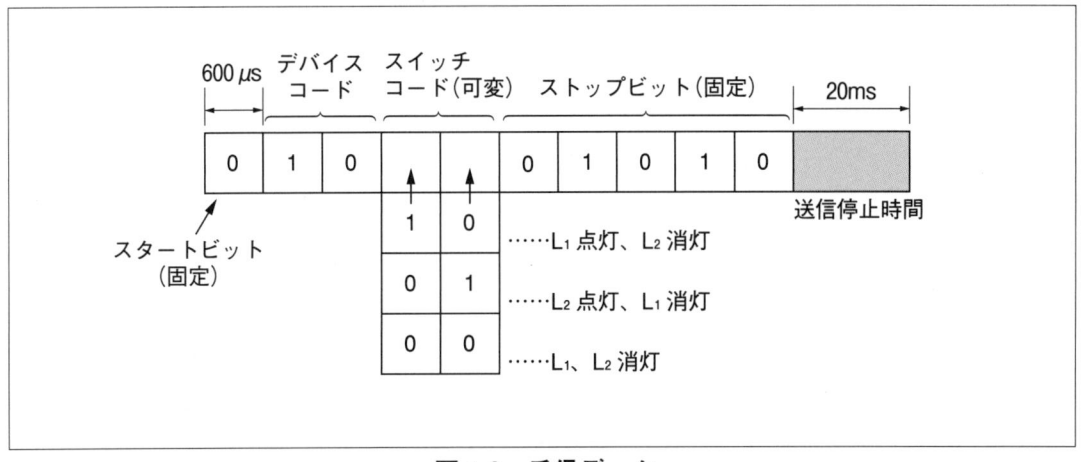

図1.9　受信データ

作動を防ぐために、5ビットのストップビット（10101）を追加します。

図1.9に示すように、受信機側では、アクティブロウになった受信データを調べます。まず"0"のスタートビットを2回チェックし、次のデバイスコード（10）でデバイスを識別します。

続いて、2ビットのスイッチコードを2ビット目、1ビット目の順に"0"か否かをチェックし、その結果をスイッチデータとして保存します。その後、ストップビットが"01010"と一致しているかどうかを判定します。この段階で、ストップビットが一致しない場合には、スイッチデータをクリア（0）にし、再びスタートビットのチェックに戻ります。

ストップビットが"01010"と一致すれば、送信データが正しく受信データとして受信されたことになり、保存されたスイッチデータの値に応じて分岐します。「電球L_1点灯・L_2消灯」データ、「電球L_2点灯・L_1消灯」データ、「電球L_1・L_2消灯」データとして、三つのデータをPICのPORTAに出力します。

PORTAのRA1・RA2にはトランジスタとSSRによる電球のON-OFF回路がつながり、電球は点滅します。

1-5 赤外線リモコン送信回路

図1.10は、赤外線リモコン送信回路です。PICの電源は、角形乾電池006P（9V）を三端子レギュレータ78L05の入力とし、定電圧出力5Vを得ています。006P（9V）は、アルカリ乾電池とマンガン乾電池がありますが、どちらでも使えます。

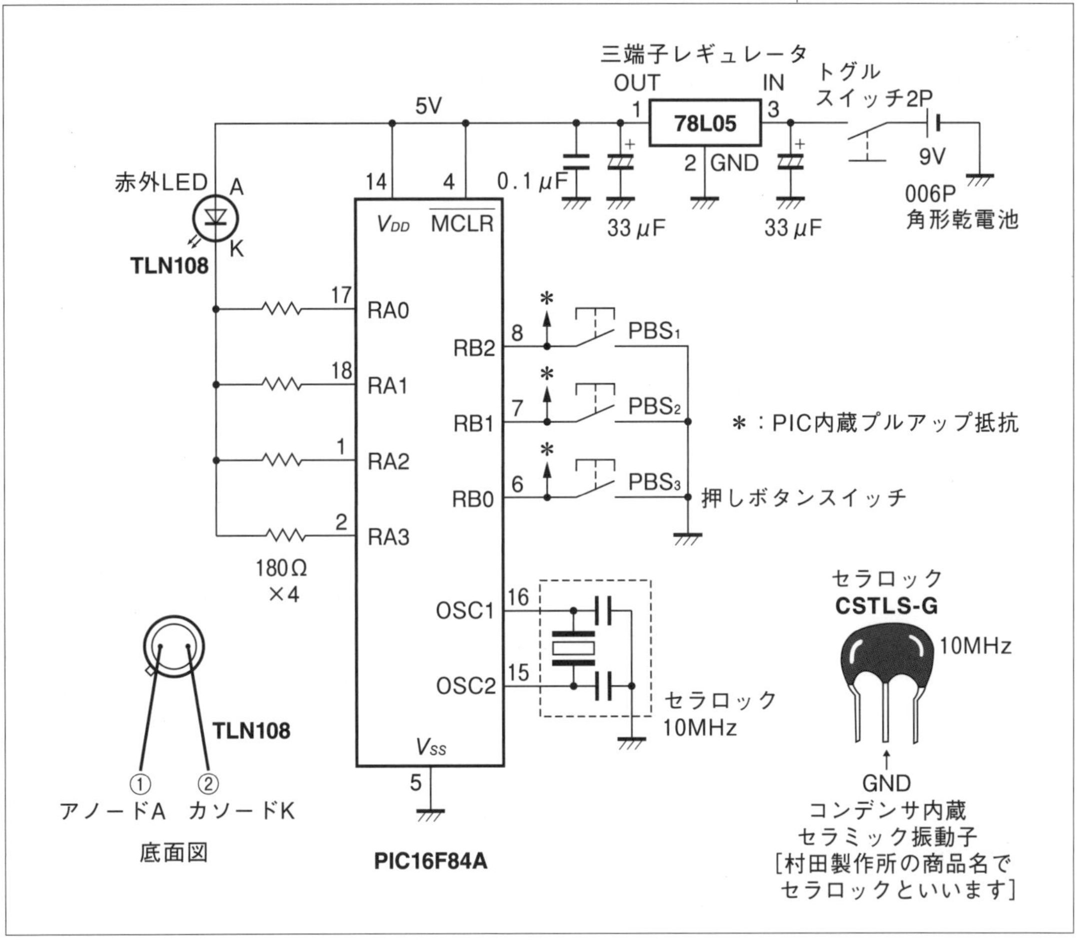

図1.10　赤外線リモコン送信回路

送信回路は、プログラムにより、赤外LEDをキャリア周波数38kHzで点滅させます。PIC16F84Aの1ピンごとの最大シンク電流は25mAなので、赤外LEDの順電流を四つの180Ωの抵抗で、ピンRA0〜RA3に分流させています。RA0〜RA3を"L"にすると、赤外LEDには順電流が流れ、"H"にすると電流は0になります。

006P（9V）

9Vの角形乾電池で、内部は一つ1.5Vの乾電池が6個直列になっています。このような構造の乾電池を積層乾電池といいます。JISでは006Pといいますが、正式名称は各国で違います。006P, 6F22, 1604が一般的で、6LR61はアルカリタイプの9Vです。写真は香港のGP（Gold Peak Group）社のアルカリ乾電池で、1604A 9Vと表示されています。

第1章　赤外線リモコンによる電球の点滅制御

三端子レギュレータ

三端子レギュレータは、電圧安定化回路を集積化した集積回路(IC)で、定電圧を必要とする電源回路などに用いられます。図は 7805 と 78L05 で、入力 IN、出力 OUT、共通(接地)GND の三つの端子があります。

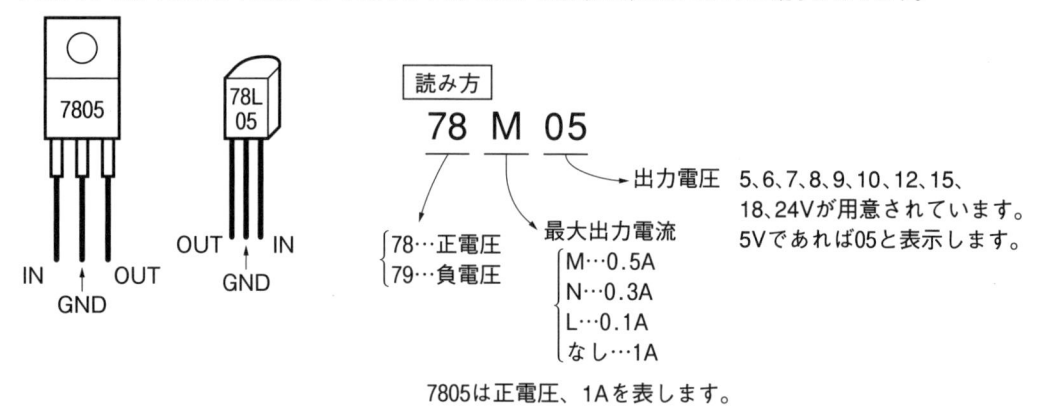

読み方

78 M 05

78…正電圧
79…負電圧

最大出力電流
M…0.5A
N…0.3A
L…0.1A
なし…1A

出力電圧　5、6、7、8、9、10、12、15、18、24V が用意されています。5V であれば 05 と表示します。

7805 は正電圧、1A を表します。

　PIC に限らず、マイコン回路にはクロックが必要です。このクロックを作る回路をクロック回路といいます。図 1.10 では、コンデンサ内蔵セラミック振動子（セラロック）を使用し、振動子と一体となって発振回路を形成する内部回路によって、クロック周波数 10MHz のクロックを作っています。

　クロックは、例えば MPU がプログラムメモリから命令をとりだし、命令を解読する、命令に従って演算する、その結果を出力するといった一連の動作を確実に行うための周期信号です。

　クロック周波数が高いほど 1 命令の時間は短くなり、動作速度は速くなります。しかし、クロック周波数が高いほど消費電流は大きくなります。本書ではすべて 10MHz のセラロックを使用しますが、時計や周波数カウンタなどのように、高精度、高安定度のクロックが要求される場合には、水晶振動子と外付けのコンデンサが用いられます。

水晶振動子

水晶振動子には機械的固有振動があり、この水晶振動子の固有振動数と発振回路の高周波電圧の周波数が一致すると、振動によって発生する圧電気電荷は圧電気振動電流となり、共振を起こし、著しく大きくなります。この結果、一定振幅、一定周波数の高精度、高安定度なクロックを持続します。図は HC-18/U 型水晶振動子の構造です。

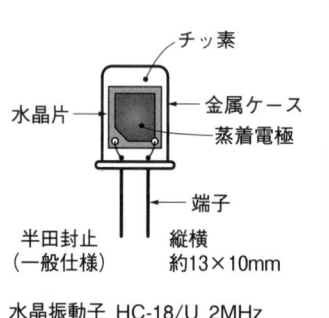

水晶振動子　HC-18/U　2MHz

1-6 赤外線リモコン送信機の製作

表 1.2 は、赤外線リモコン送信機の部品リストです。

表 1.2　赤外線リモコン送信機の部品リスト

部品	型番	規格等		個数	備考	単価(円)
PIC	PIC16F84A			1	マイクロチップテクノロジー	300
赤外 LED	TLN108	λp=940nm		1	東芝　同等品代用可	240
IC ソケット		18P		1	PIC 用	20
セラロック	CSTLS-G	10MHz	3本足	1	村田製作所	40
三端子レギュレータ	78L05			1		50
電解コンデンサ		33μF	16V	2		25
積層セラミックコンデンサ		0.1μF	50V	1		10
抵抗		180Ω	1/4W	4		5
押しボタンスイッチ	MS-402R	R（赤）		2	ミヤマ	100
	MS-402K	K（黒）		1		100
トグルスイッチ	MS243	2P		1	ミヤマ	160
電池プラグケーブル				1	電池スナップ	40
アルカリ乾電池	006P（9V）			1	マンガン乾電池代用可	350
基板		47×28mm		1	ユニバーサル基板を加工	90
プラスチックケース	SW-75	W50×H30×D75		1	タカチ電機工業	130
その他		リード線、すずめっき線、接着剤など				

図 1.11 は、赤外線リモコン送信機です。プラスチックケースを穴あけ加工し、部品を固定します。図 (a)、(b) は基板の部品配置と裏面配線図で、図 (c) にケースの部品配置を示します。

第1章　赤外線リモコンによる電球の点滅制御

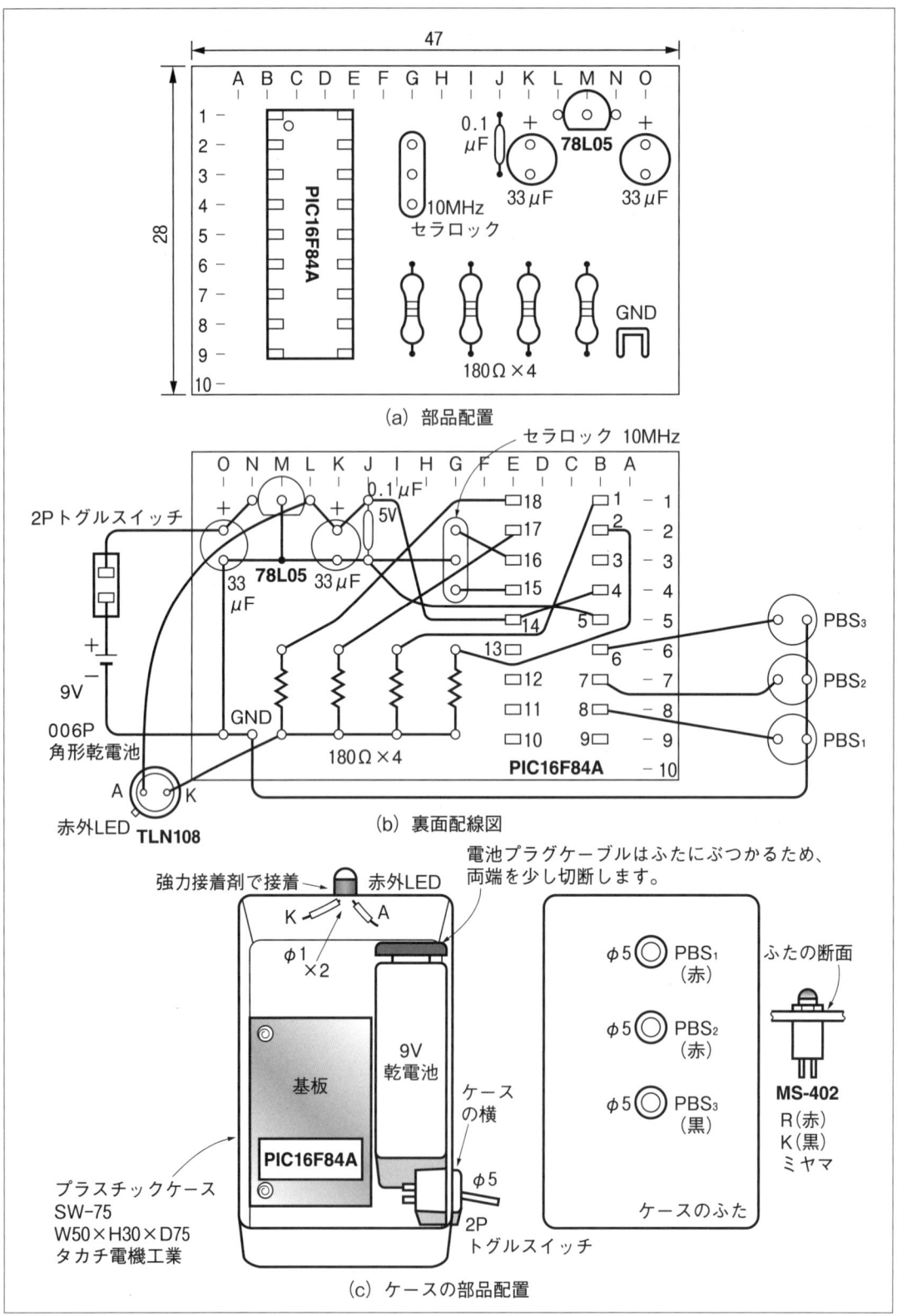

図1.11　赤外線リモコン送信機

1-7 赤外線リモコンによる電球の点滅制御回路

図1.12は、赤外線リモコンによる電球の点滅制御回路です。電球（ミニクリプトンランプ）L_1、L_2のON-OFFを制御するのに、PIC、トランジスタ、SSRなどを使用します。

ソリッドステートリレーSSR（Solid State Relay）は、交流負荷や直流負荷のON-OFF制御に使用しますが、このような制御部品としてのリレーは、従来の有接点の電磁リレーから無接点のSSRへと、移行しつつあります。

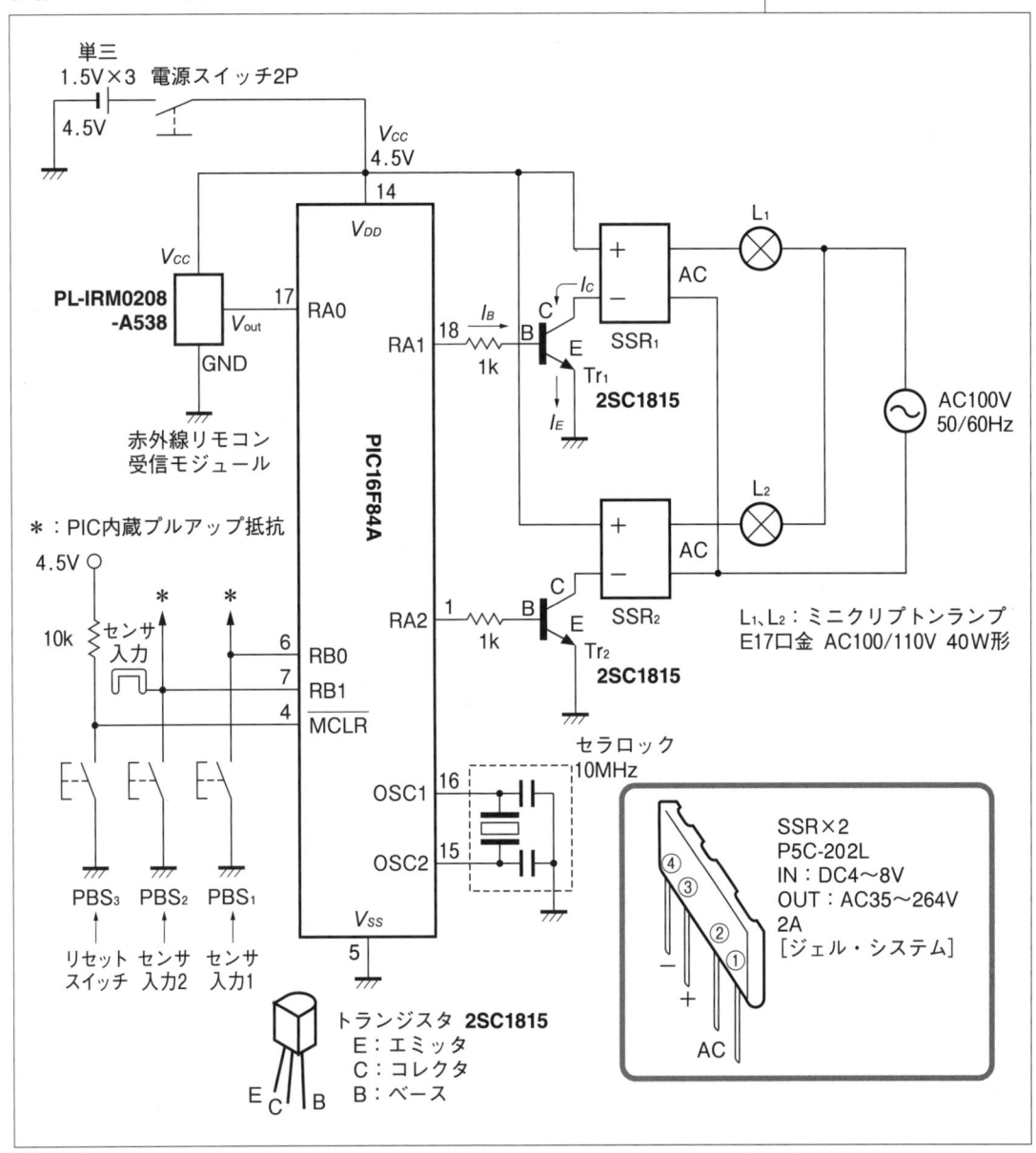

図1.12　赤外線リモコンによる電球の点滅制御回路

第1章　赤外線リモコンによる電球の点滅制御

> **トランジスタ**
>
> トランジスタは、電流増幅作用を利用する半導体増幅素子です。トランジスタには、図のように、NPN形とPNP形があります。例えば、μA単位のベース電流 I_B の変化に対して、mA単位のコレクタ電流 I_C が変化します。エミッタ電流 I_E と I_B、I_C との間に、次の式が成り立ちます。
>
> $$I_E = I_B + I_C \fallingdotseq I_C \; (I_C \gg I_B)$$
>
> また、I_B の値に対して、何倍の I_C が流れるかという比率を直流電流増幅率 h_{FE} といい、次の関係式があります。
>
> $$I_C = h_{FE} \cdot I_B \qquad h_{FE} = \frac{I_C}{I_B}$$

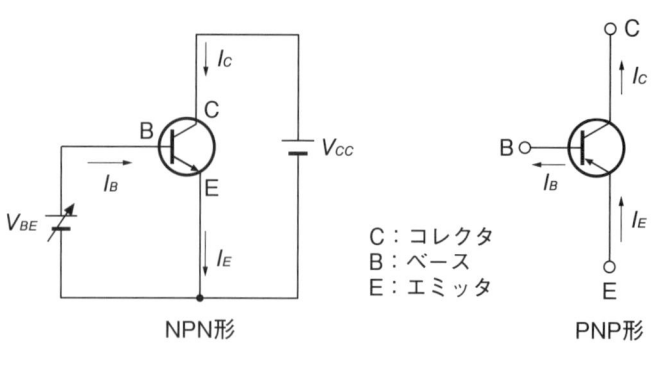

C：コレクタ
B：ベース
E：エミッタ

> **ミニクリプトンランプ**
>
> E17口金で小形で明るい電球です。クリプトンガスを封入してあり長寿命（2000時間）。ホワイトとクリヤータイプがあり、クリヤータイプは10%節電タイプもあります。写真は、KR100/110V38WW（ホワイト）40W形です。

> **センサ**
>
> センサは、人間の視覚・聴覚・触覚・味覚・嗅覚器官という感覚器官に相当し、センサが使用される機械内外のあらゆる情報、およびエネルギーの検出素子であり、その出力は電気信号に変換されます。

ここで、回路の動作を見てみましょう。

回路の動作

① 赤外線リモコン受信モジュールは、赤外線リモコン送信機からの送信データを受信し、受信データに変換します。

② 受信データが「電球 L_1 点灯・L_2 消灯」であれば、まずポートA（PORTA）をクリア（0）し、0.5秒間 RA1 と RA2 の出力を"0"にします。

③ 続いて RA1 は"1"、RA2 は"0"にします。すると、RA1 の出力電圧により、トランジスタ Tr_1 にベース電流 I_B が流れ、電流増幅されたコレクタ電流 I_C が、直流電源のプラス極（4.5V）から SSR_1 の＋、－端子間、および Tr_1 に流れます。$I_B + I_C$ はエミッタ電流 I_E になります。

④ すると、SSR_1 の出力回路は ON 状態になり、AC100V 電源から L_1 に電流が流れ、L_1 は点灯します。

⑤ 次に、L_1 が点灯しているとき、赤外線リモコン受信モジュールは「電球 L_2 点灯・L_1 消灯」の受信データを受信したとします。

⑥ すると、PORTA 出力 RA1 は"0"になり、L_1 は消灯、0.5秒後に RA2 は"1"になります。

⑦ ③、④と同様にして、RA2 の出力電圧により、Tr_2 と SSR_2 は ON となり、L_2 は点灯します。

⑧ センサ入力の代用として使用している押しボタンスイッチ PBS_1、あるいは PBS_2 の ON で L_2 は消灯します。また、リセットスイッチ PBS_3 も同じ働きをします。

⑨ 実際のセンサ入力の場合は、第7章の各種センサ回路を利

用できます。

> **押しボタンスイッチ**
>
> 図は、押しボタンスイッチによる電球の ON-OFF 制御です。図(a)は、押しボタンスイッチ PBS₁ を「ON」操作すると接点が ON となり、電球 L₁ は点灯します。手を離すと OFF となり、L₁ は消灯します。このような接点を a 接点、またはメイク接点といいます。図(b)は、PBS₂ を「ON」操作すると接点が OFF となり、L₂ は消灯します。手を離すと ON となり、L₂ は点灯します。このような接点を b 接点、またはブレーク接点といいます。
>
>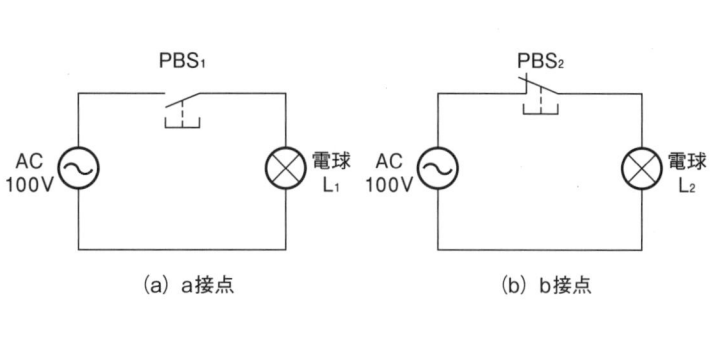

■ SSR 本体の動作原理

図 1.13 は、SSR の一般的な構成です。ここで、SSR 本体の動作原理を詳しく述べます。

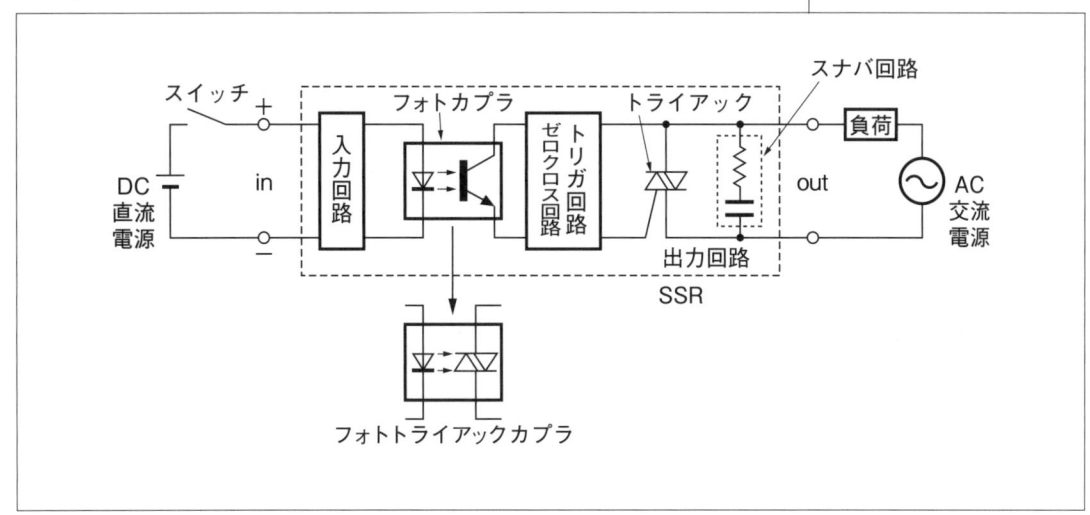

図 1.13　SSR の一般的な構成

① 入力側のスイッチが ON になると、光電変換素子であるフォトカプラの発光ダイオード(LED)に直流電流が流れます。すると、光学的に結合されたフォトトランジスタが ON になります。フォトカプラは、入力側と出力側を電気的に絶縁しています。

② 次にゼロクロス回路が動作して、交流電源電圧の 0V の近傍で、出力回路のトライアックが ON になります。

③ トライアックは、ゲートトリガ電圧によって制御する双方向性の

半導体スイッチであり、トライアックがONになれば交流電源から負荷に電流が流れます。
④ 入力側のスイッチをOFFにすると、ゼロクロス回路によって、トライアックは交流電源電圧の0V近傍でOFFになり、負荷電流も0になります。
⑤ スナバ回路は、出力側のノイズ環境が悪いとき、瞬間的に高い電圧が発生するのを防ぐサージ吸収の働きがあります。
⑥ 図に示したように、光電変換素子がフォトカプラではなく、フォトトライアックカプラで構成されることもあります。

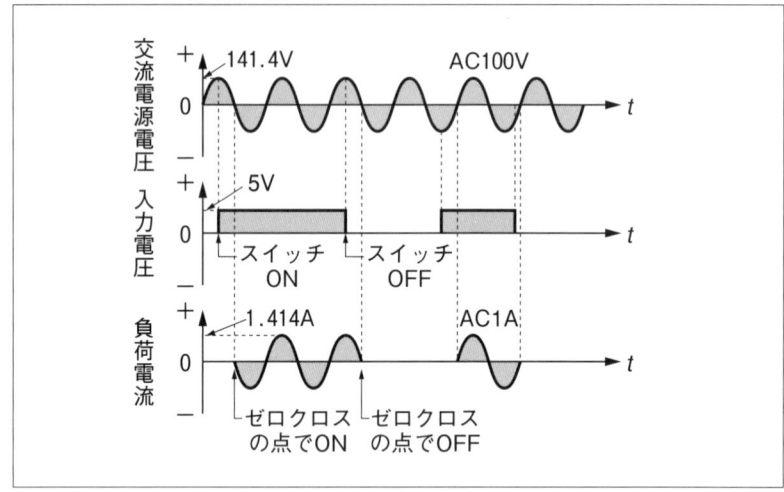

図1.14　抵抗負荷におけるゼロクロス機能
（負荷：AC100V、1A、入力：DC5V）

図1.14に、抵抗負荷の場合のゼロクロス機能を示します。図において、入力電圧が交流電源電圧の最大値近傍で印加された場合、ゼロクロス回路の働きにより、負荷電流はすぐには流れません。

交流電源電圧が最大値近傍から減少して0V近くになると、ゼロクロス回路が動作してトライアックはONとなり、負荷電流が流れます。

次に、入力電圧が交流電源電圧の最大値手前でOFFになっても、負荷電流は流れ続け、負荷電流は最大値を通過し、減少してトライアックの保持電流以下になったゼロクロス点で0になります。

このように、ゼロクロス回路を使用したSSRは、0V近くで負荷電流のON、OFFができるので、ON、OFFにともなう突入電流が少なく、ノイズの影響も少なくできます。

1-8 電球の点滅制御回路基板の製作

表1.3は、赤外線リモコンによる電球の点滅制御回路の部品リストです。

表1.3 赤外線リモコンによる電球の点滅制御回路の部品リスト

部品	型番	規格等	個数	備考	単価（円）
PIC	PIC16F84A		1	マイクロチップテクノロジー	300
ICソケット		18P	1	PIC用	20
SSR	P5C-202L	IN：DC4～8V OUT：AC35～264V 2A	2	ジェル・システム	520
赤外線リモコン受信モジュール	PL-IRM0208-A538	f=38kHz λp=940nm	1	PARA LIGHT 同等品代用可	100
トランジスタ	2SC1815		2	東芝	20
セラロック	CSTLS-G	10MHz　3本足	1	村田製作所	40
抵抗		10k　1/4W	1		5
抵抗		1k　1/4W	2		5
トグルスイッチ	MS243	2P	1	ミヤマ	160
押しボタンスイッチ	MS-402R	R（赤）	3	ミヤマ	100
単三形乾電池		単三形アルカリ	3		40
単三形電池ボックス		平3本形	1		140
電池プラグケーブル			1	電池スナップ	40
ミニクリプトンランプ	KR100/110V	40W形	2	東芝	250
ランプ用ソケット		1A　300V	2	OHNO	100
プラスチックケース	SW-125	W70×H40×D125	1	タカチ	260
差し込みプラグ	WH4415	125V/15A	1	ナショナル	105
平形ビニルコード		7A　1m	1		65/m
ユニバーサル基板	ICB-88		1	サンハヤト	90
ビス・ナット		2×20mm	各3		5、4
ナット		2mm	6		4
その他		リード線、すずめっき線など			

図1.15は、赤外線リモコンによる電球の点滅制御回路基板とふたの加工です。図では、センサ入力のために、2×15mmビス・ナットによるV_{cc}端子、センサ入力端子、GND端子を設けていますが、センサ入力を押しボタンスイッチで代用する場合には、これらの端子は必要ありません。

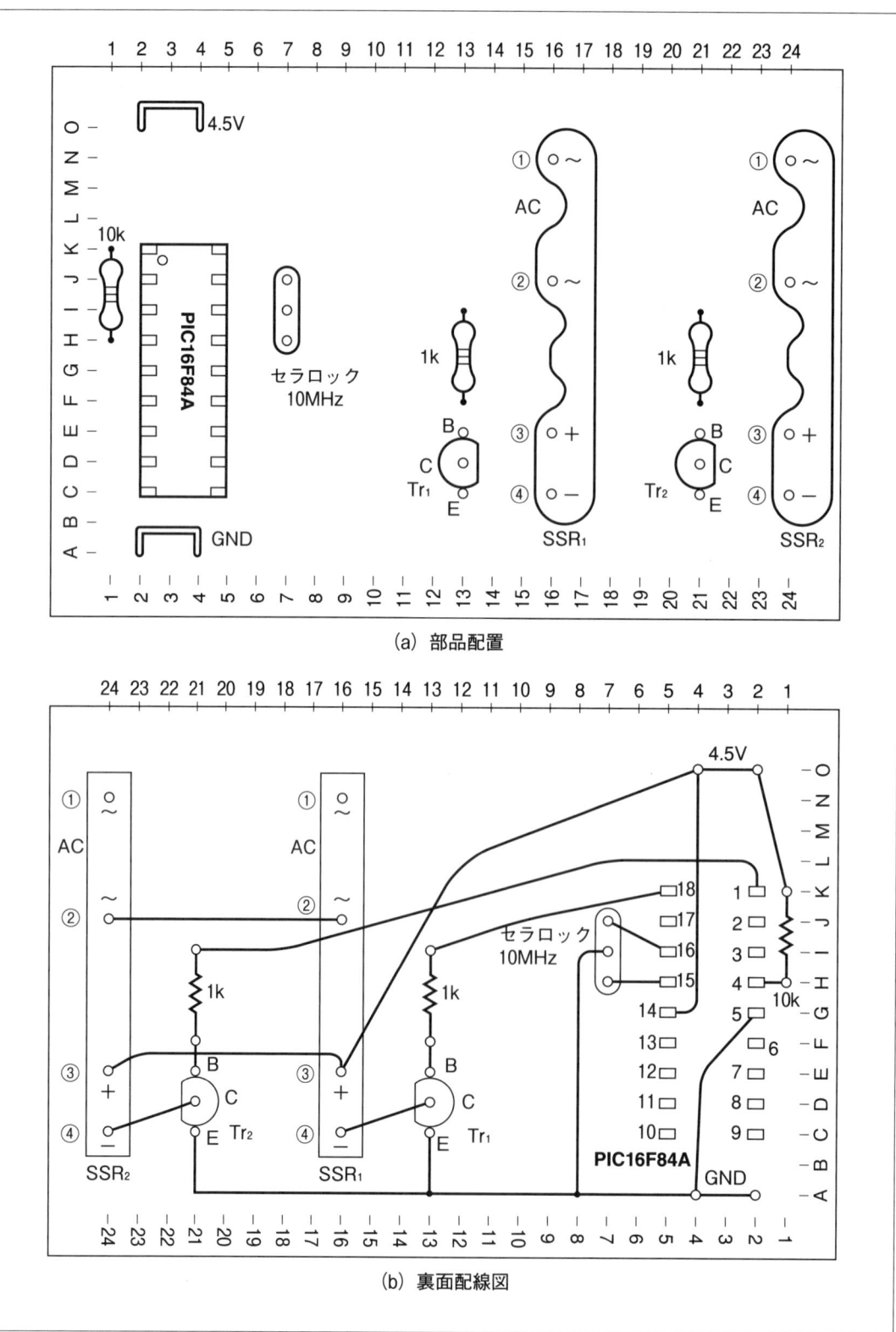

図1.15　赤外線リモコンによる電球の点滅制御回路基板とふたの加工（A）

1-8 電球の点滅制御回路基板の製作

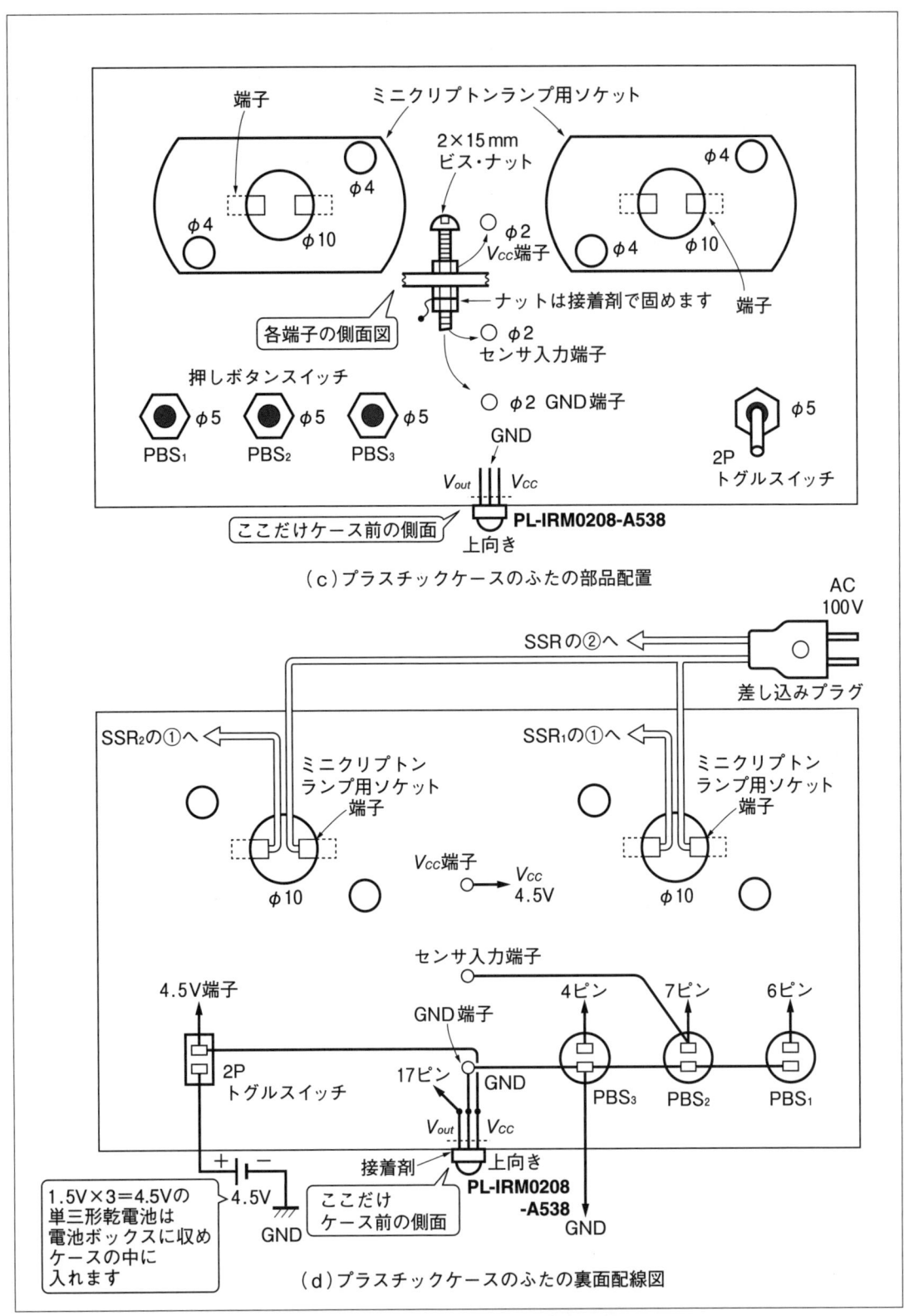

図1.15 赤外線リモコンによる電球の点滅制御回路基板とふたの加工（B）

1-9 代用回路

　図1.12の赤外線リモコンによる電球の点滅制御回路を製作するのは、少々大変かもしれません。このような場合、図1.16の代用回路

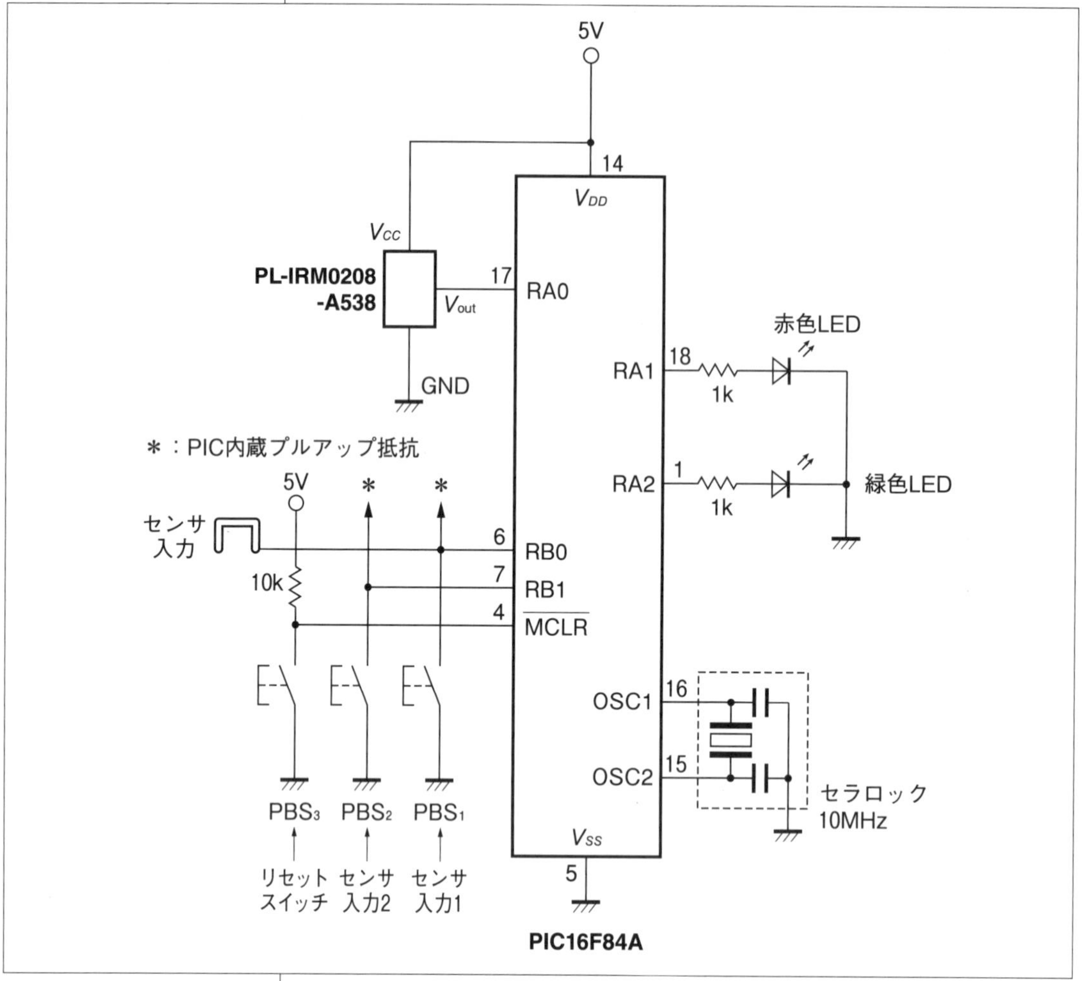

図 1.16　代用回路

発光ダイオード（LED）

　発光ダイオード（LED）は、PN接合半導体に順方向電流を流すことによって、電気を光に変換する素子です。図は、可視光発光ダイオードの構造例と図記号を表しています。

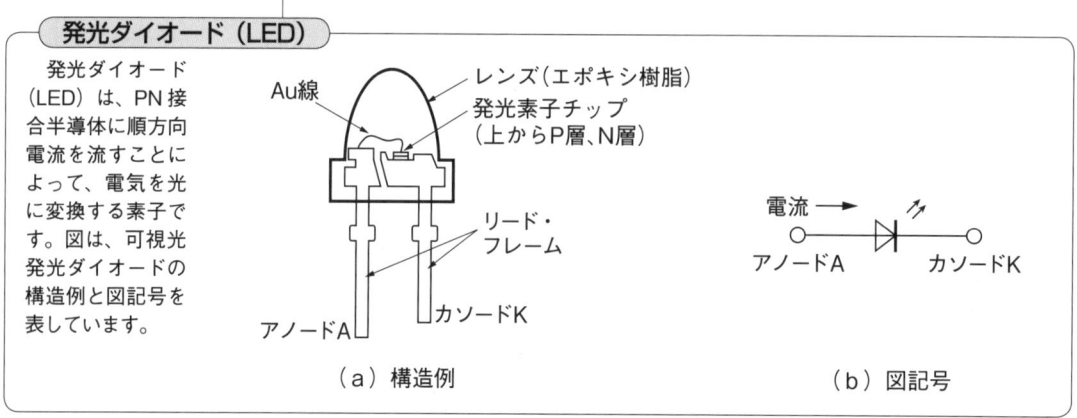

（a）構造例　　　　　　　　（b）図記号

を利用することができます。図のように、抵抗と発光ダイオード(LED)の回路にしても、本章のプログラムの動作確認は可能です。表1.4に、代用回路の部品リストを示します。

表1.4　代用回路の部品リスト

部品	型番	規格等		個数	備考	単価(円)
PIC	PIC16F84A			1	マイクロチップテクノロジー	300
ICソケット		18P		1	PIC用	20
赤外線リモコン受信モジュール	PL-IRM0208-A538	f=38kHz λp=940nm		1	PARA LIGHT 同等品代用可	100
セラロック	CSTLS-G	10MHz　3本足		1	村田製作所	40
LED		φ5／赤		1		20
		φ5／緑		1		20
抵抗		10k	1/4W	1		5
		1k		2		5
押しボタンスイッチ	MS-402R	R（赤）		1	ミヤマ	100
	MS-402K	K（黒）		1		100
ユニバーサル基板	ICB-88			1	サンハヤト	90
その他	リード線、すずめっき線など					

図1.17は、代用回路基板の外観と部品配置および裏面配線図です。

図1.17　代用回路基板（A）

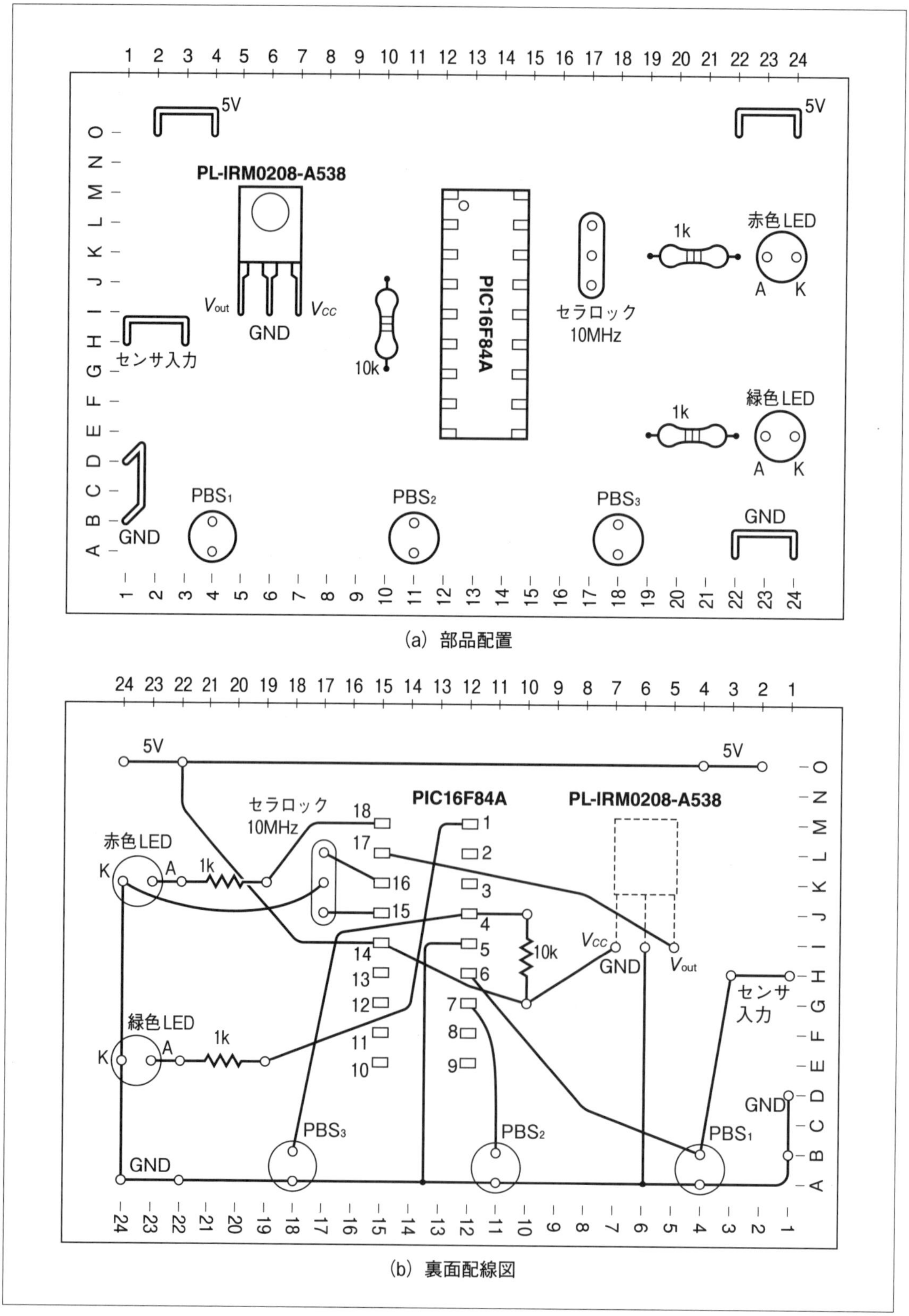

第1章 赤外線リモコンによる電球の点滅制御

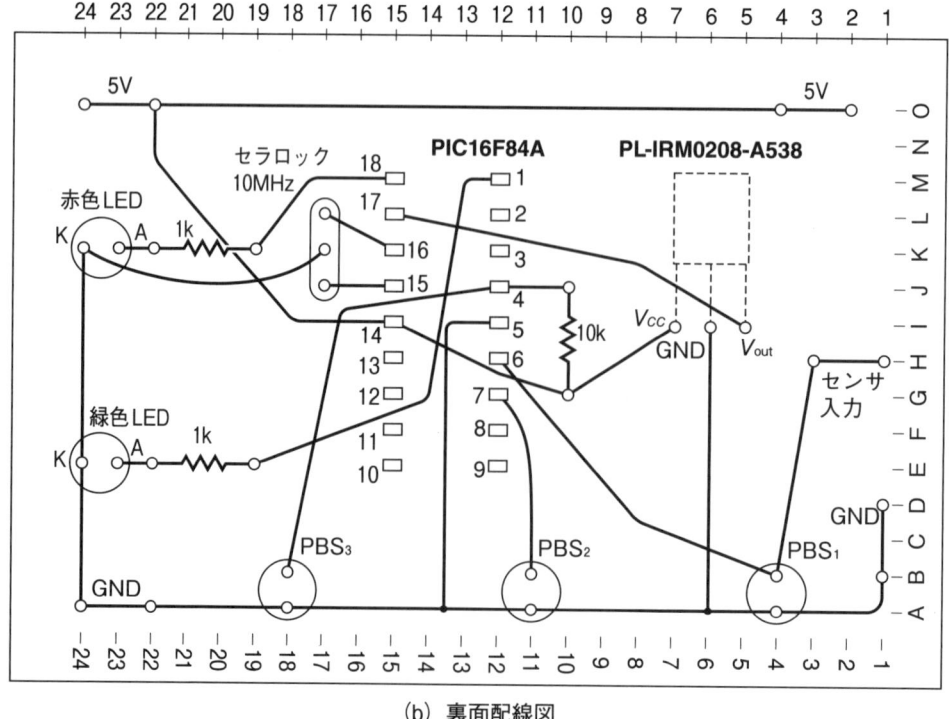

図1.17 代用回路基板（B）

1-10 電球の点滅制御

1 送信回路のフローチャートとプログラム

図 1.18 は、赤外線リモコン送信回路のフローチャートであり、そのプログラムをプログラム 1.1 に示します。

> **フローチャート**
>
> フローチャート（flow chart）は流れ図ともいいます。仕事の手順をはっきりさせるには、端子・処理・判断・表示などの記号を使い、それぞれを順序よく線で結んで図で表してやると、処理の方法や分岐の方向などが明確になります。また、フローチャートとプログラムを対比させることにより、プログラムのしくみがわかりやすくなります。

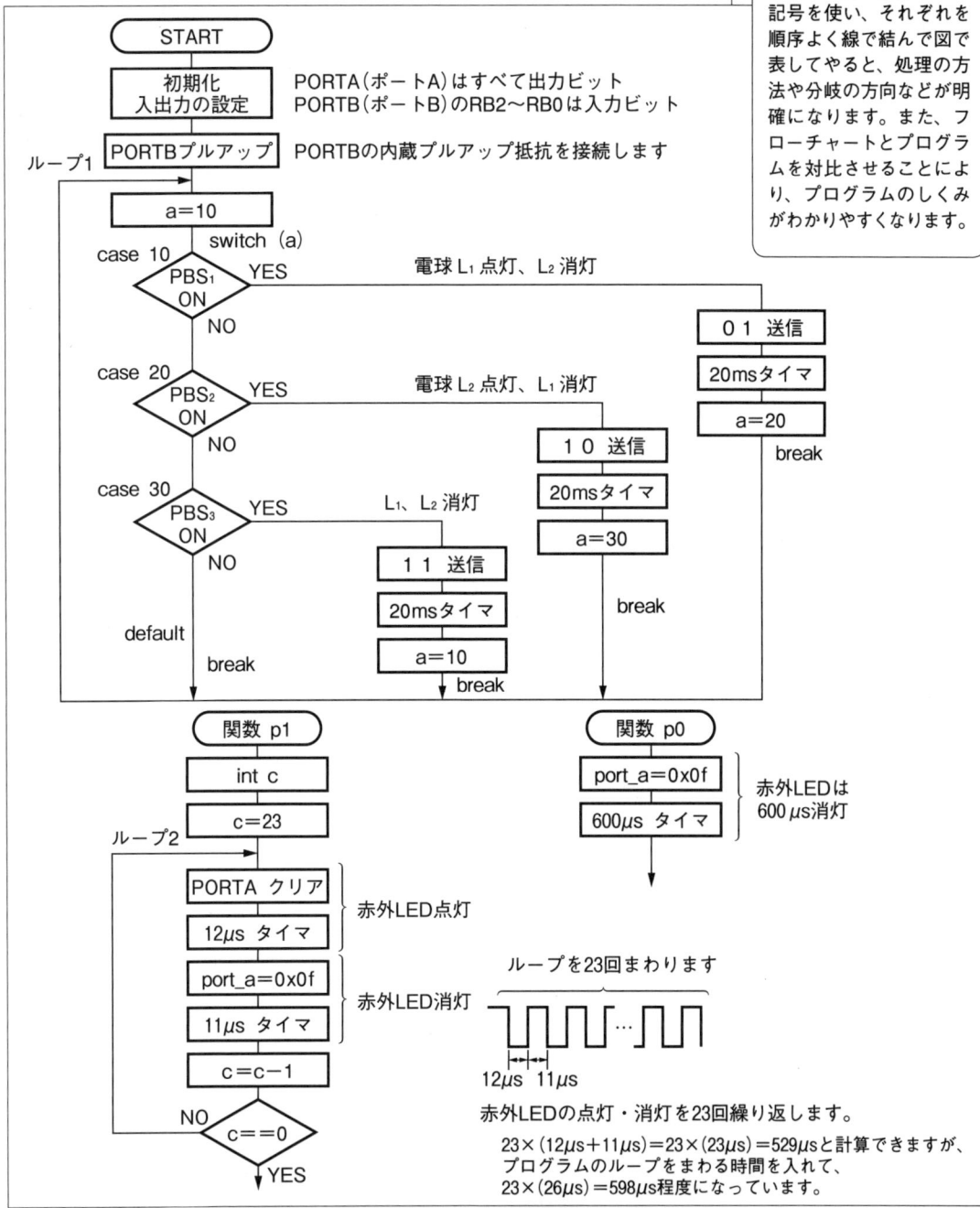

図 1.18　赤外線リモコン送信回路のフローチャート

第1章　赤外線リモコンによる電球の点滅制御

■プログラム 1.1　赤外線リモコン送信回路

```
#include <16f84a.h>  ............ ファイル 16f84a.h を読み込み、デバイスを指定します
#fuses HS,NOWDT,PUT,NOPROTECT ...... fuses オプションの設定（HS モード、WDT なし、
                                     パワーアップタイマを使用、プロテクトなし）
#use delay(clock=10000000) ........ 発振周波数は 10MHz、コンパイラに PIC の動作速度を知らせます
#byte port_a=5 ...... ファイルアドレス 5 番地は port_a で表します
void p1();  ...... 関数 p1 は戻り値なしというプロトタイプ宣言
void p0();  ...... 関数 p0 は戻り値なしというプロトタイプ宣言
main()  ............ 一番はじめに実行したい関数は main という関数名にします
{
    int a;  ................ a という int 型変数の定義
    set_tris_a(0);  ...... PORTA はすべて出力ビットに設定
    set_tris_b(0x07);  ...... PORTB の RB2～RB0 は入力ビットに設定
    port_b_pullups(true);  ...... PORTB の内蔵プルアップ抵抗を接続します
    while(1)  ............ ループ 1
    {
        a=10;  ............ a に 10 を代入
        switch(a)  ...... switch～case 文、a は式を表します
        {
            case 10:  ......... 式 a=10 のとき、次に続く実行単位を実行します
                if(input(PIN_B2)==0)  ...... RB2 は "0"、すなわち PBS₁ON なら次へ行きます
                {
                    p1();  ...... スタートビット
                    p0();p1();  ...... デバイスコード
                    p0();p1();  ...... スイッチコード（電球 L₁ 点灯、L₂ 消灯）
                    p1();p0();p1();p0();p1();  ...... ストップビット
                    delay_ms(20);  ...... 20ms の送信停止時間
                    a=20;  ...... a に 20 を代入
                    break;  ...... switch ブロックから抜け出します
                }                    ここで、p1(); p0(); は関数 p1、p0 を呼び出します
            case 20:  ...... 式 a=20
                if(input(PIN_B1)==0)  ...... RB1 は "0"、すなわち PBS₂ON なら次へ行きます
                {
                    p1();
                    p0();p1();
                    p1();p0();  ...... スイッチコード（電球 L₂ 点灯、L₁ 消灯）
                    p1();p0();p1();p0();p1();
                    delay_ms(20);
                    a=30;  ...... a に 30 を代入
                    break;
                }
            case 30:  .................... 式 a=30
                if(input(PIN_B0)==0)  ...... RB0 は "0"、すなわち PBS₃ON なら次へ行きます
                {
                    p1();
                    p0();p1();
                    p1();p1();  ...... スイッチコード（L₁、L₂ 消灯）
                    p1();p0();p1();p0();p1();
                    delay_ms(20);
                    a=10;  ...... a に 10 を代入
                    break;
                }                                              次ページへ続く➡
```

```
                    default:  ──── 押しボタンスイッチの ON-OFF 操作がなければ
                    break;         switch ブロックを抜け出します
            }
        }
}
void p1()  ────── 関数 p1 の本体
{
    int c;  ────────── c という int 型変数の定義
    c=23;  ─────────── c に 23 を代入
    while(1)  ────── ループ 2
    {
        port_a=0;  ──────────── PORTA をクリア(0)、赤外 LED は点灯
        delay_us(12);  ─────── 12μs タイマ
        port_a=0x0f;  ──────── 1111(0x0f)、赤外 LED は消灯、ここは output_a(0x0f); とはしません
        delay_us(11);  ─────── 11μs タイマ
        c=c-1;  ──────────────── c － 1 の結果を c に代入（c のデクリメント－ 1）
        if(c==0)──────────────── c==0 なら、break 文でループ 2 を脱出
            break;  ──────
    }
}
void p0()  ───────────── 関数 p0 の本体
{
    port_a=0x0f;  ──────── 赤外 LED は消灯、ここは output_a(0x0f); とはしません
    delay_us(600);  ───── 600μs タイマ
}
```

●解説

#include <16f84a.h>

　プリプロセッサは、コンパイル中にこの # include コマンドを見つけると、〈　〉で囲まれているファイル 16f84a.h をシステムディレクトリから読み込みます。この標準のインクルードファイルは、あらかじめコンパイラをインストールしたときに用意されていて、指定するだけで標準的なラベルを使うことが可能になります（例 PIN_A2 など）。

#fuses HS, NOWDT, PUT, NOPROTECT

　この命令は、プログラムを PIC へ書き込むときに、fuses オプションを設定するものです。アセンブラの擬似命令 __CONFIG に相当します。

オプション　HS：オシレータモードは、発振周波数 10MHz を使用するので HS モードにします。
　　　NOWDT：ウォッチドッグタイマは使用しません。
　　　　PUT：パワーアップタイマ（電源投入直後の 72ms 間のリセット）を使用します。
　　NOPROTECT：コードプロテクトしません。

　この fuses 情報は、PIC ライタで PIC にプログラムを書き込む際に、別途設定することもできます。

【プリプロセッサ】
　プリプロセッサは実行文ではなく、プログラムのコンパイルの直前に、他のファイルを読み込んだり、コンパイラに対して各種の制御指示をする事前処理命令です。命令の前に＃記号が必ず付きます。

【コンパイラ】
　C 言語や FORTRAN などの高級言語で書かれたソースプログラムを、機械語と呼ばれるコンピュータが理解できる言語に翻訳するソフトウェア。

■ fuses オプション
　fuses オプションは、プリプロセッサ# fuses でコンフィグレーションビットの設定をします。コンフィグレーションビットは、PIC の内蔵ハードウェアの使い方を設定します。

■ オシレータモード
　発振回路のモードをオシレータモードといいます。RC・XT・HS・LP モードがあります。本書の 10MHz のセラロックを使用する発振モードは、HS（High Speed crystal/resonator）モードといい、発振周波数範囲は 4MHz〜20MHz で、その特徴は高速動作です。

■ ウォッチドッグタイマ
　ウォッチドッグタイマは、コンピュータが正常かどうかを常に監視しており、プログラムが正しく実行されない（暴走など）ときには、リセット信号を発生させ、プログラムを再スタートする働きをします。通常はウォッチドッグタイマは使用しません。

■ パワーアップタイマ
　電源投入直後の 72ms 間、パワーアップタイマが動作し、タイマ動作中はコンピュータをリセット状態にします。電源電圧の立ち上がりが遅い場合に有効です。通常はパワーアップタイマを使用します。

■ コードプロテクト
　コードプロテクトをすると、プログラムメモリと EEPROM データメモリの内容を、外部から読み出すことはできません。通常はコードプロテクトしません。

```
#use delay(clock=10000000)
```
　コンパイラに PIC の動作速度を知らせます。この場合、発振周波数 clock は 10MHz です。

```
#byte port_a=5
```
　ファイルレジスタのファイルアドレス 05h は PORTA、06h は PORTB と決まっているので、対応づけて指定します。アドレスの 5 番地は変数レジスタ port_a、アドレスの 6 番地は変数レジスタ port_b で表します。

```
void p1();, void p0();
```
　C 言語の関数には、値を返すもの（いわゆるファンクション）と値を返さないもの（いわゆるサブルーチン）があります。
　メインルーチンに先立って、p1、p0 と名付けた関数は戻り値なしというプロトタイプ宣言をしています。プロトタイプ宣言とは、関数の

ファイルレジスタ
PIC 独特のアーキテクチャで、データ格納メモリがレジスタ群でできています。プログラムメモリと同様に、アドレスを指定して使用します。

関数
ある機能を果たす処理のまとまりです。

型だけを定義したもので、main 関数より前の宣言部に置かれます。ここでは、p1、p0 という関数を使います。そして、この関数は値を返さないということを表明しています。それには特別の名前 void を使います。

main()
C 言語は関数によって構成されます。一番はじめに実行したい関数は、main という関数名にします。

int a;
a という名前の int 型変数の定義をします。CCS-C コンパイラの int は、8 ビット符号なし数値です。16 ビット符号なし数値の場合は、long または int16 を使います。

set_tris_a(0);, set_tris_b(0x07);
set_tris_a()、set_tris_b() の組込み関数は、PIC の任意の I/O ピンをピン単位で入力か出力かに設定できます。各ビットが各ポートのピンと対応します。ビットの値が 0 のときは出力、1 のときは入力になります。

 set_tris_a(0); → PORTA はすべて出力ビットに設定
 set_tris_b(0x07); → 0 1 1 1 (07h)
          RB3 RB2 RB1 RB0

  { PORTB の RB2〜RB0 は入力ビット。
    残りの RB7〜RB3 はすべて出力ビットに設定

ノイズの影響による誤作動を防ぐため、未使用の I/O ピンは何も接続せずに、出力設定で L レベル出力にします。

port_b_pullups(true);
入出力ピン制御関数 port_b_pullups() は、ポート B (PORTB) の内蔵プルアップ機能を ON-OFF にするもので、PORTB 全体に作用します。

PORTB の内蔵プルアップ抵抗を接続する (true) ／しない (false) で表します。ここでは、port_b_pullups(true); なので、内蔵プルアップ抵抗を接続します。

図 1.19 は、while 文の書式とフローチャートです。( ) の中の条件は、「真」の場合は "1"、「偽」の場合は "0" なので、「while(1)」とすると、無限ループを形成します。

図 1.20 は、switch 〜 case 文の書式とフローチャートです。

プルアップ抵抗

プルアップとは、電気回路において、抵抗を介して電源のプラス側に接続することにより、電位を安定に保つことをいいます。接続する抵抗がプルアップ抵抗です。PORTB の各ピンは、内部で弱プルアップの設定を行うことができます。ポートピンを入力に設定しているとき有効で、ポートピンが出力に設定されているとき、弱プルアップは自動的に OFF になります。

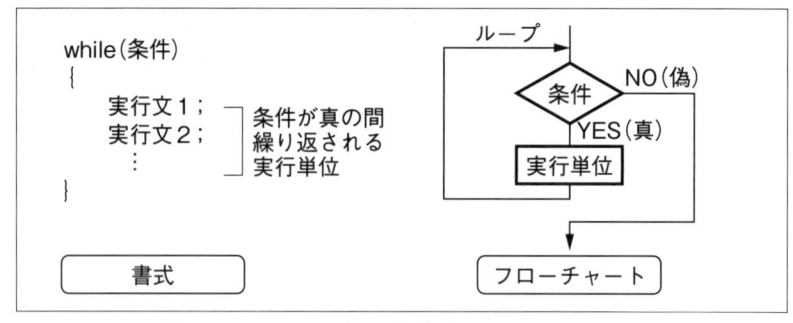

第1章　赤外線リモコンによる電球の点滅制御

図 1.19　while 文の書式とフローチャート

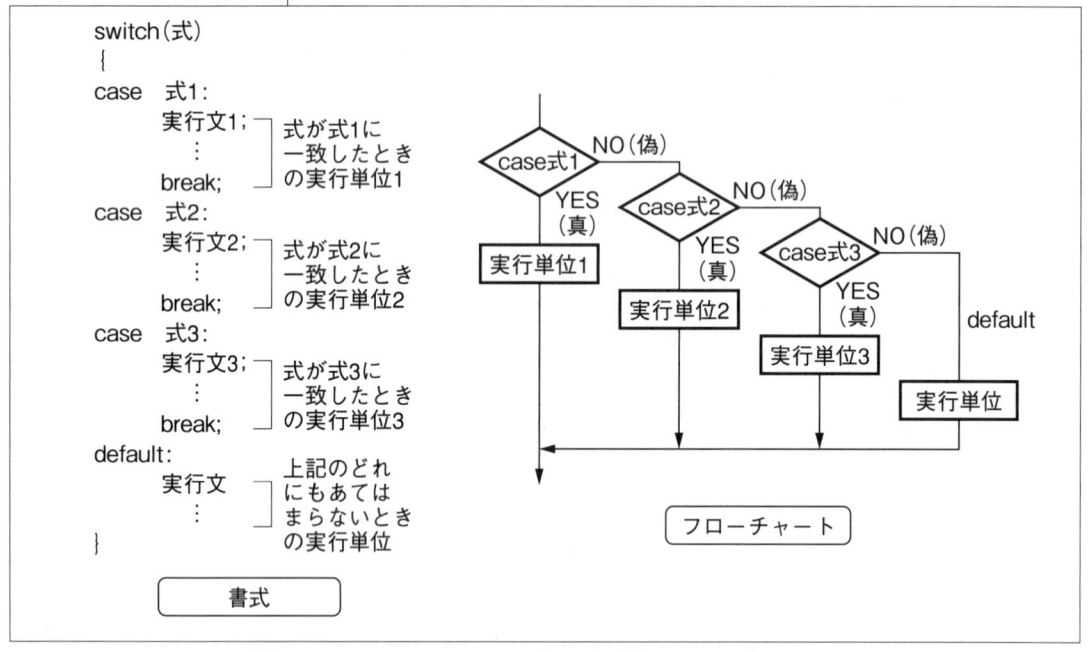

図 1.20　switch ～ case 文の書式とフローチャート

if(input(PIN_B2)==0)

入出力ピン制御関数 input(pin) は、PIC の任意のピンからそのピンの状態（"H" or "L"）を入力します。ここでは、PORTB の 2 番ピン（RB2）の状態を入力します。

```
if 文        if (条件式)
             {
                 実行文 1;   ┐条件式が YES（真）のとき、
                 実行文 2;   ┘これを実行します。
                   ⋮
             }
```

p1();, p0();

関数 p1、p0 を呼び出します。

`delay_ms(20);`
　組込み関数 `delay_ms(time)` は、ミリ秒単位のディレイを発生させます。設定できる時間は、引数が定数であれば 0 から 65535 までの値です。
　　　`delay_ms(20);` → 20ms のディレイを作ります。

`a=20;`
　変数 a に 20 を代入します。

`void p1(){}`
　戻り値なしの関数 p1 の本体です。

`port_a=0;`
　変数レジスタ port_a に 0 を代入します。これにより、PORTA の出力モードになっている入出力ピンはすべて"L"になります。

`port_a=0x0f;`
　変数レジスタ port_a に 0x0f を代入します。これにより、PORTA の出力モードになっている入出力ピンは、RA3〜 RA0 すべて"H"になります。

`delay_us(12);`
　組込み関数 `delay_us(time)` は、マイクロ秒単位のディレイを発生させます。設定できる時間は、引数が定数であれば、0 から 65025 までの値です。
　　　`delay_us(12);` → 12μs のディレイを作ります。

`c=c-1;`
　c の値から 1 を引き、その結果を c に代入します。c のデクリメント（−1）。

`if(c==0)`
　c が 0 になったら、次の break 文によって、無限ループを脱出します。

`void p0(){}`
　戻り値なしの関数 p0 の本体です。

`default;`
　`break;`
　switch 〜 case 文の式が、どれにもあてはまらないときは、default

の break 文により、switch ~ case 文を脱出します。

2 電球の点滅回路のフローチャートとプログラム

図 1.21 は、赤外線リモコンによる電球の点滅回路のフローチャートであり、そのプログラムをプログラム 1.2 に示します。

```
START
  ↓
初期化          PORTA（ポートA）のRA2、RA1は出力ビット、RA0は入力ビット
入出力の設定    PORTB（ポートB）のRB1とRB0は入力ビット
  ↓
PORTBプルアップ  PORTBの内蔵プルアップ抵抗を接続します
  ↓
ループ1
  ↓
PBS₁ ON? ─YES→ PORTAクリア  電球 L₁、L₂ 消灯
  ↓NO
PBS₂ ON? ─YES→ PORTAクリア  電球 L₁、L₂ 消灯
  ↓NO                        ループ2 C
a、a1、a2をクリア
  ↓
RA0=0? ─NO→ (ループ1へ)
  ↓YES
400μs タイマ              スタートビットを2回チェック
  ↓
RA0=0? ─NO→ (ループ1へ)
  ↓YES
600μs タイマ
  ↓
RA0=0? ─NO→ (ループ1へ)
  ↓YES
600μs タイマ              デバイスコードチェック
  ↓
RA0=0? ─NO→ (ループ1へ)
  ↓YES
600μs タイマ
  ↓
RA0=0? ─NO→ a2=2          ここからスイッチコードの読込み
  ↓YES        ↓
             600μs タイマ   （2ビット目）
  ↓
RA0=0? ─NO→ a1=1
  ↓YES        ↓
             600μs タイマ   （1ビット目）
  ↓
  A
```

(右側フロー)
```
A
↓
RA0=0? ─NO→ ...    ここからストップビットの確認
  ↓YES                  0
600μs タイマ
  ↓
RA0=1? ─NO→ ...
  ↓YES                  1
600μs タイマ
  ↓
RA0=0? ─NO→ ...
  ↓YES                  0
600μs タイマ
  ↓
RA0=1? ─NO→ ...
  ↓YES                  1
600μs タイマ
  ↓
RA0=0? ─NO→ ...
  ↓YES                  0
a = a2 + a1
  ↓
  B
```

次ページへ続く➡

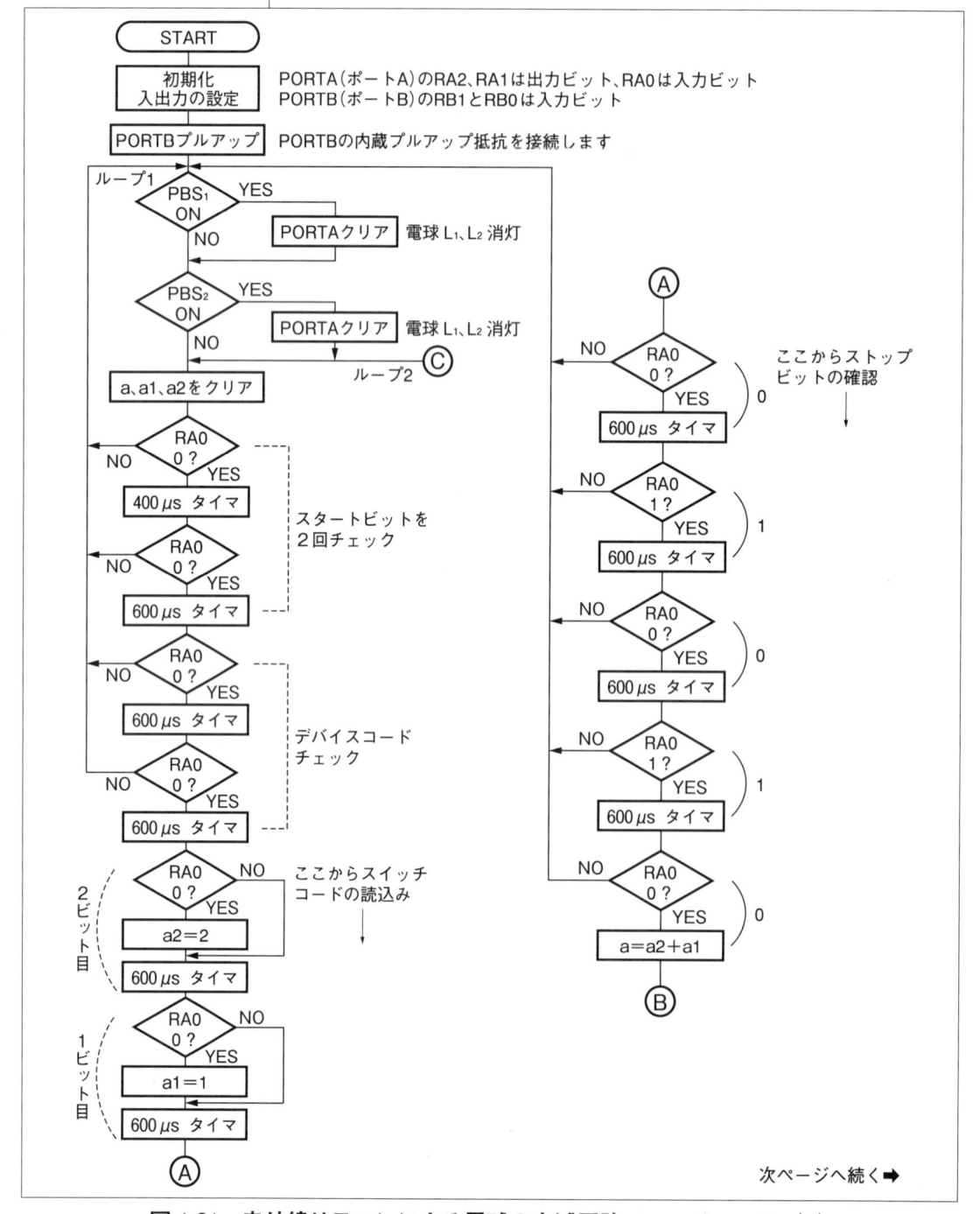

図 1.21 赤外線リモコンによる電球の点滅回路フローチャート（A）

1-10 電球の点滅制御

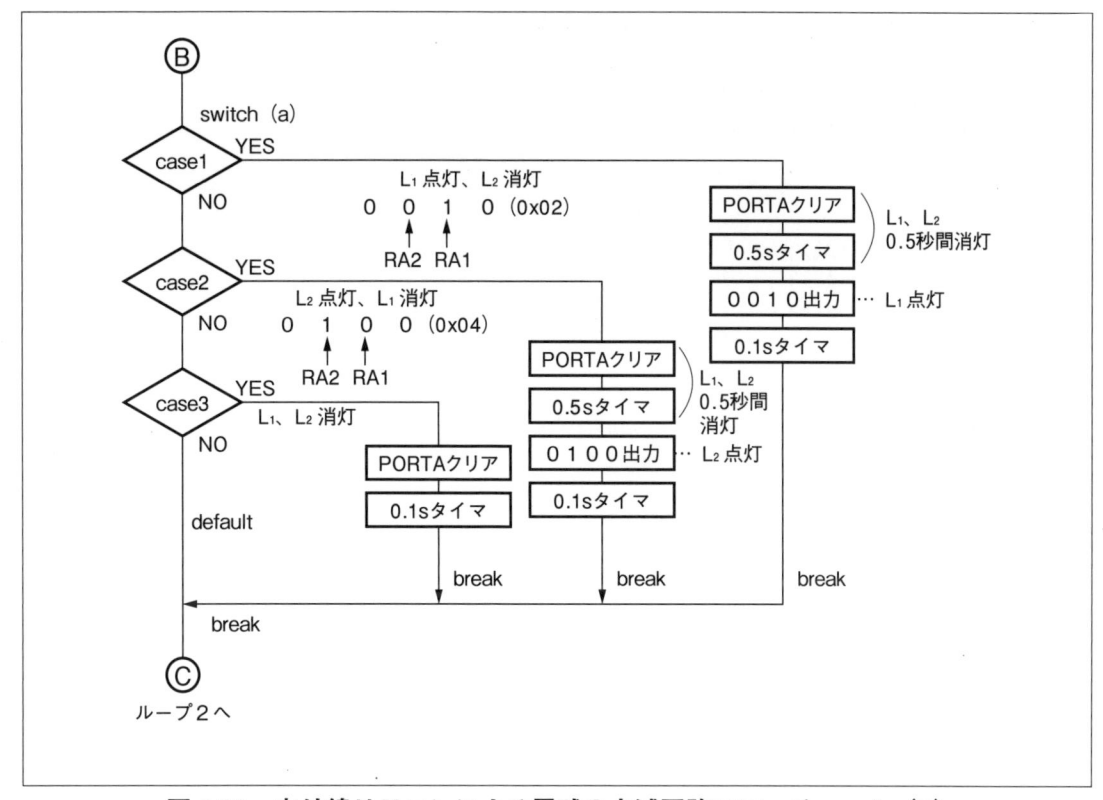

図1.21　赤外線リモコンによる電球の点滅回路フローチャート（B）

第1章 赤外線リモコンによる電球の点滅制御

■プログラム 1.2　赤外線リモコンによる電球の点滅回路

```
#include <16f84a.h>
#fuses HS,NOWDT,PUT,NOPROTECT
#use delay(clock=10000000)
main()
{
    int a,a2,a1;            ……… a、a2、a1 という int 型変数の定義
    set_tris_a(0x01);       …… PORTA の RA2、RA1 は出力ビット、RA0 は入力ビットに設定
    set_tris_b(0x03);       …… PORTB の RB1 と RB0 は入力ビットに設定
    port_b_pullups(true);   …… PORTB の内蔵プルアップ抵抗を接続します
    output_a(0);            ……… PORTA のクリア(0)
    while(1)                ……………… ループ 1
    {
        if(input(PIN_B0)==0) …… RB0 は "0"、すなわち PBS₁ON なら、次へ行きます
            output_a(0);    …… PORTA をクリア(0)、電球 L₁、L₂ 消灯
        if(input(PIN_B1)==0) …… RB1 は "0"、すなわち PBS₂ON なら、次へ行きます
            output_a(0);    …… PORTA をクリア(0)、電球 L₁、L₂ 消灯
        while(1)            ……………… ループ 2
        {
            a=0;a1=0;a2=0;  …… a、a1、a2 をクリア(0)
            if(input(PIN_A0)==0) …… RA0 は "0"     ⎫
                delay_us(400);   …… 400μs タイマ  ⎪
            else                                    ⎬ RA0 は "0" かどうか、スタート
                break;                              ⎪ ビットを 2 回チェックします
            if(input(PIN_A0)==0) …… RA0 は "0"     ⎪ RA0 が "0" でなければ、
                delay_us(600);   …… 600μs タイマ  ⎪ break 文でループ 2 を脱出
            else                                    ⎭
                break;
            if(input(PIN_A0)==1) …… デバイスコード 2 ビット目
                delay_us(600);   …… RA0 は "1" なら、600μs タイマ
            else
                break;
            if(input(PIN_A0)==0) …… デバイスコード 1 ビット目
                delay_us(600);   …… RA0 は "0" なら、600μs タイマ
            else
                break;
            if(input(PIN_A0)==0) …… ここからスイッチコードの読込み
                a2=2;            …… 2 ビット目、RA0 は "0" なら、a2 に 2 を代入
            delay_us(600);
            if(input(PIN_A0)==0) …… 1 ビット目、RA0 は "0" なら、a1 に 1 を代入
                a1=1;
            delay_us(600);
            if(input(PIN_A0)==0) …… ここからストップビットの確認
                delay_us(600);   …… RA0 は "0" なら、600μs タイマ
            else
                break;
            if(input(PIN_A0)==1) …… RA0 は "1" なら、600μs タイマ
                delay_us(600);
            else
                break;
            if(input(PIN_A0)==0) …… RA0 は "0" なら、600μs タイマ
                delay_us(600);
```

次ページへ続く ➡

```
            else
                break;
            if(input(PIN_A0)==1)  ……  RA0 は "1" なら、600μs タイマ
                delay_us(600);    ……
            else
                break;
            if(input(PIN_A0)==0)  ……  RA0 は "0" なら、a に a2 + a1 の値を代入
                a=a2+a1;          ……
            else
                break;
            switch(a)             ……………  switch 〜 case 文、a は式を表します
            {
                case 1:           ……………  式 a ＝ 1 のとき、次に続く実行単位を実行します
                    output_a(0);       ……  PORTA をクリア(0)、電球 L₁、L₂ 消灯
                    delay_ms(500);     ……  0.5s タイマ
                    output_a(0x02);    ……  RA1 は "1"、RA2 は "0"、L₁ 点灯
                    delay_ms(100);     ……  0.1s タイマ
                    break;             ……  switch ブロックから抜け出します
                case 2:           ……………  式 a ＝ 2
                    output_a(0);       ……  PORTA をクリア(0)、電球 L₁、L₂ 消灯
                    delay_ms(500);     ……  0.5s タイマ
                    output_a(0x04);    ……  RA1 は "0"、RA2 は "1"、L₂ 点灯     0x04 を 0x06 に変更
                    delay_ms(100);     ……  0.1s タイマ                         すると、L₁、L₂ ともに
                    break;             ……  switch ブロックから抜け出します    点灯します
                case 3:           ……………  式 a ＝ 3
                    output_a(0);       ……  PORTA をクリア(0)、電球 L₁、L₂ 消灯
                    delay_ms(100);     ……  0.1s タイマ
                    break;    ……  switch ブロックから抜け出します
                default:  …………  式がどれにもあてはまらないとき、switch ブロックから抜け出します
                    break;  ……
            }
        }
    }
}
```

●解説

```
set_tris_a(0x01); → 0    0    0    1   (01h)      PORTA の RA0 は
                   RA3  RA2  RA1  RA0                入力ビット、残りの
                                                     RA4〜RA1 はすべ
                                                     て出力ビットに設定

set_tris_b(0x03); → 0    0    1    1   (03h)      PORTB の RB1 と RB
                   RB3  RB2  RB1  RB0              0 は入力ビット、残りの
                                                     RB7〜RB2 はすべて
                                                     出力ビットに設定
```

output_a(0);
　入出力ピン制御関数 output_a() は、指定ポート PORTA に指定データ（この場合 0）を出力します。すると、PORTA はクリア（すべて 0）します。

`output_a(0x02);`	→0	0	1	0	(02h)	使用しているRA2は"L"、RA1は"H"になります。
	RA3	RA2	RA1	RA0		
`output_a(0x04);`	→0	1	0	0	(04h)	使用しているRA2は"H"、RA1は"L"になります。
	RA3	RA2	RA1	RA0		

第2章 メカ・ビートル

　本章のメカ・ビートルは、赤外線リモコンを利用した4足歩行の改造ロボットです。一つの基板に、障害物を検知するセンサとして赤外線送信・受信回路を搭載し、前進中、前方に障害物があると後進の動作に変わります。このメカ・ビートルは、モータとギヤーボックスが1組なので、前進と後進、そして停止しかできません。
　また、この改造メカ・ビートルは、組込みシステムの特徴を生かし、他のセンサ、例えば超音波センサや赤外LED、フォトダイオードを使用した回路よりも、部品点数の少ない回路構成になっています。

2-1 メカ・ビートル制御回路

　図2.1は、タミヤのロボクラフトシリーズのメカ・ビートルに、PIC16F84Aを二つと、赤外LED、赤外線リモコン受信モジュールなどを搭載した改造メカ・ビートルです。

　電源スイッチONで、メカ・ビートルはツノを左右に振りながら前進し、前方5〜20cmの所に壁などの障害物があると、赤外LEDからの送信波の反射波を赤外線リモコン受信モジュールが受信します。すると、メカ・ビートルは後進に変わり、約10秒間後進すると再び前進します。

　後進中に障害物にぶつかると、メカ・ビートルの後ろに設置したマイクロスイッチがONになり、前進動作になります。また、前進、後

図2.1　メカ・ビートル

第2章 メカ・ビートル

> **マイクロスイッチ**
>
> マイクロスイッチは小型スイッチで、次のような構成要素から成り立っています。
> 接点部：電気回路の開閉をします。
> スナップ動作機構部：導電ばね材を用いスナップアクション動作をします。
> アクチュエータ部：外部からの力や動きを内部機構に伝達します。
> 　そして、ケース部と端子部があります。
> 　写真はマイクロスイッチの一例です。

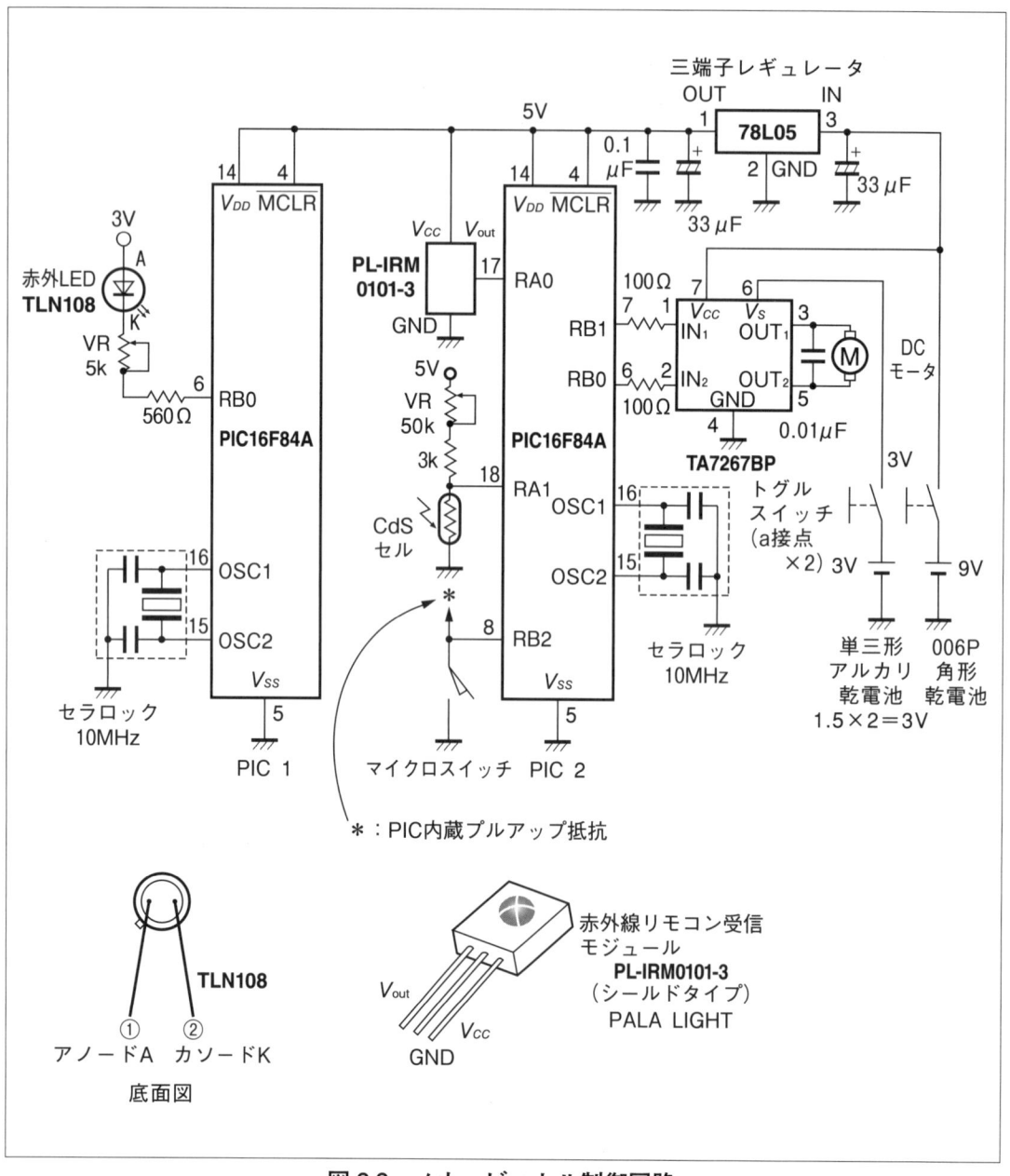

図2.2　メカ・ビートル制御回路

進ともに、CdS セルの受光面を暗くすると、前進のとき5秒間、後進のとき3秒間のスリープ（停止）状態になります。

赤外 LED と赤外線リモコン受信モジュールによる光センサが、障害物に反応する検出距離は、赤外線送信回路のボリューム VR で調整することができます。このため、20cm 程度の比較的長い検出距離にすることも可能です。

メカ・ビートルの機構は、DC モータの回転運動をクランクで往復運動に変えて前後の足を動かし、右前足の動きをリンクロッドでツノに伝えます。したがって、ツノに設置した基板を左右に動かしながら前進・後進をしていきます。

図 2.2 に、メカ・ビートルの制御回路を示します。この回路は、赤外線送信・受信回路、電源回路、DC モータ回路、CdS セル回路、マイクロスイッチ回路などから構成されています。

1 電源回路

PIC16F84A および赤外線受信回路、CdS セル回路、DC モータ回路の電源は、角形乾電池 006P（9V）を三端子レギュレータ 78L05 の入力とし、その定電圧出力 5V を利用します。

DC モータドライブ IC には、TA7267BP を使用し、そのモータ側電源として単三形アルカリ乾電池 1.5V×2=3V を使用します。また、赤外線送信回路の電源もこの 3V です。単三形アルカリ乾電池の代わりに、単三形ニッケル水素電池 1.2V×2=2.4V でも動作します。

タミヤのロボクラフトシリーズ

動物や昆虫などを中心にした、ゆかいな動きを生み出すロボット工作のシリーズです。本体など主な部品はクリヤ系パーツ、ギヤーボックスや逆転スイッチもクリヤパーツを使用して、メカニカルな魅力があります。メカ・ビートルのほかに、メカ・ドッグ、メカ・カンガルー、メカ・ダチョウ、リモコン・インセクト、リモコン・ボクシングファイターなどたくさんあります。写真は、赤外 LED とフォトダイオードによって、前方の障害物を避ける改造メカ・ドッグです。

78L05 の入出力側のコンデンサの働き

入力側の 33μF の電解コンデンサは、ノイズ除去用。

出力側の 33μF の電解コンデンサと 0.1μF の積層セラミックコンデンサは 78L05 の発振防止用。

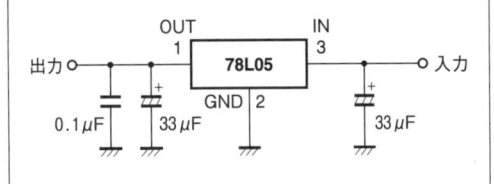

ニッケル水素電池

二次電池の一種で、正極に水酸化ニッケル、負極に水素吸蔵合金、電解液に水酸化カリウム水溶液を用いたものです。ニッケル水素蓄電池ともいいます。

デジタルカメラや携帯音楽プレーヤなどに使用され、放電特性に優れて、また、繰り返し充電できるため経済的です。充電するためには専用の充電器が必要です。ニッケル水素電池の電圧は 1.2V です。電池の容量は mAH という単位で表し、2300mAH 電池の場合、230mA の電流を約 10 時間取り出せる計算になります。

写真は充電器とニッケル水素電池の一例です。

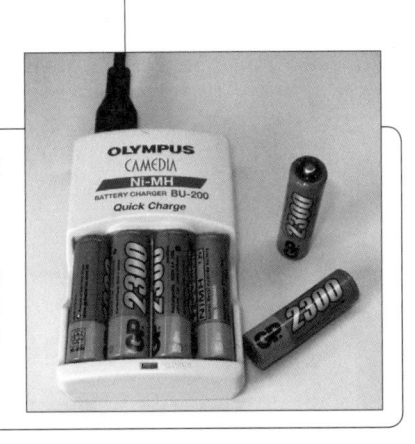

2 DC モータ回路

図 2.3 は、DC モータドライブ IC TA7267BP による DC モータ回路です。表 2.1 に示すドライブ IC の真理値表の入力に従う信号を、PORTB の RB1、RB0 から出力します。すると、真理値表に従って、DC モータは、正転・逆転・ストップ・ブレーキ動作をします。

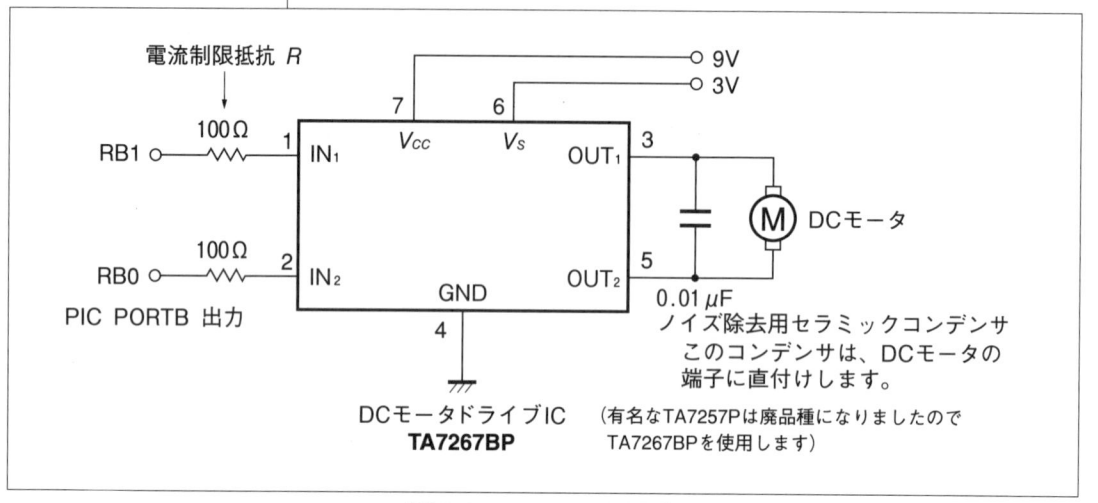

図 2.3　DC モータ回路

表 2.1　ドライブ IC の真理値表

入力		出力		モード
IN_1	IN_2	OUT_1	OUT_2	モータの回転
0	1	L	H	正／逆転
1	0	H	L	逆／正転
0	0	ハイインピーダンス		ストップ
1	1	L	L	ブレーキ

ここで、DC モータ回路の構成要素について詳しく見てみましょう。

■ TA7267BP

TA7267BP は、ブラシ付き DC モータの正・逆切り替え用のフルブリッジドライバです。図 2.4 に、TA7267BP の外観と端子説明、およ

【TA7267BP の特徴】
- 出力電流は 1.0A（AVE）、3.0A（PEAK）と大容量です。
- モードは正転・逆転・ストップ・ブレーキの 4 モードで、逆起電力吸収用ダイオードを内蔵しています。
- 熱しゃ断、過電流保護回路を内蔵しています。
- 動作電源電圧範囲：V_{cc}(opr.) = 6〜18V、V_s(opr.) = 0〜18V
- V_{cc}、V_s はどのような大小条件でも誤動作しません。

（出典：東芝データシート）

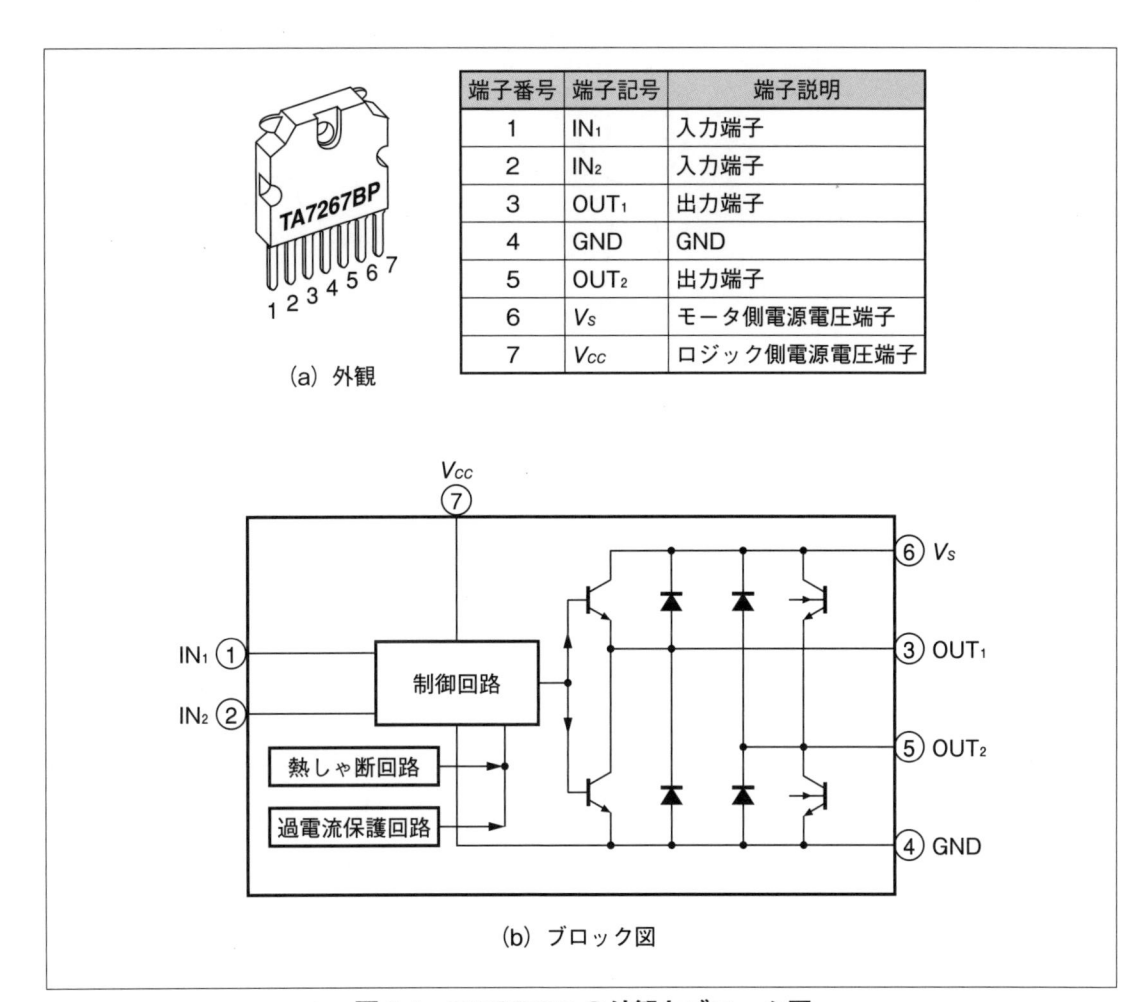

端子番号	端子記号	端子説明
1	IN_1	入力端子
2	IN_2	入力端子
3	OUT_1	出力端子
4	GND	GND
5	OUT_2	出力端子
6	V_S	モータ側電源電圧端子
7	V_{CC}	ロジック側電源電圧端子

(a) 外観

(b) ブロック図

図 2.4　TA7267BP の外観とブロック図

びブロック図を示します。

■電流制限抵抗 R

　図 2.2 のメカ・ビートルの制御回路と図 2.3 の DC モータ回路では、貫通電流の防止のために、100Ω の電流制限抵抗 R を入力側に入れてあります。なお、この抵抗がなくても普通にメカ・ビートルは動作します。

■ノイズ除去用セラミックコンデンサ

　DC モータと並列に 0.01μF のセラミックコンデンサを接続します。これは、DC モータの整流子から発生する接点火花を吸収し、ノイズを抑制する働きがあります。

　コンデンサの静電容量を示す単位は F（ファラッド）ですが、非常に大きい単位なので、μF（マイクロファラッド）、pF（ピコファラッド）を通常使います。図 2.5 は、小容量コンデンサの静電容量の読み方です。

セラミックコンデンサ

$203 = 20 \times 10^3$ [pF]
$= 0.02$ [μF]

K：許容差±10%
――：定格電圧50V

積層セラミックコンデンサ

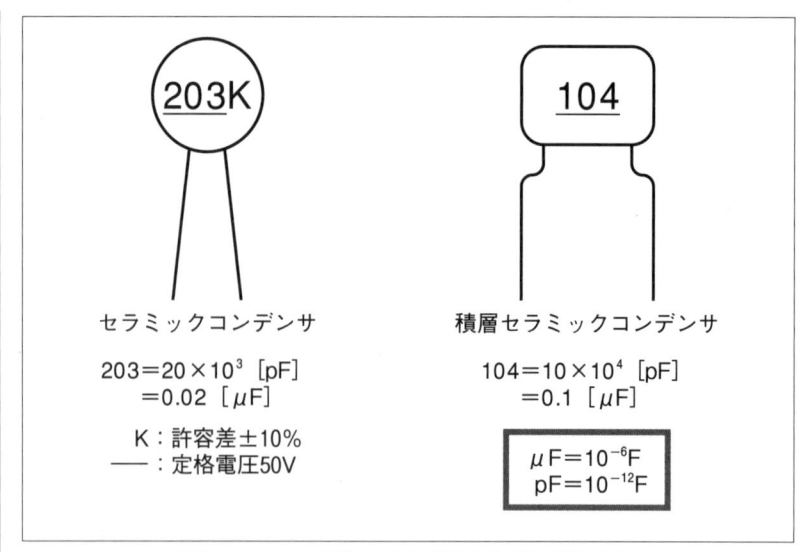

$104 = 10 \times 10^4$ [pF]
$= 0.1$ [μF]

$\mu F = 10^{-6} F$
$pF = 10^{-12} F$

図 2.5　コンデンサの静電容量の読み方

■ DCモータ

　図 2.6 は、模型用 DC モータの基本構造です。回転子は、薄い鉄板を多層に積み重ねた鉄心に、三つのコイルが巻かれています。このコイルに電流を流すために、3枚の整流子片が回転軸に取り付けてあります。

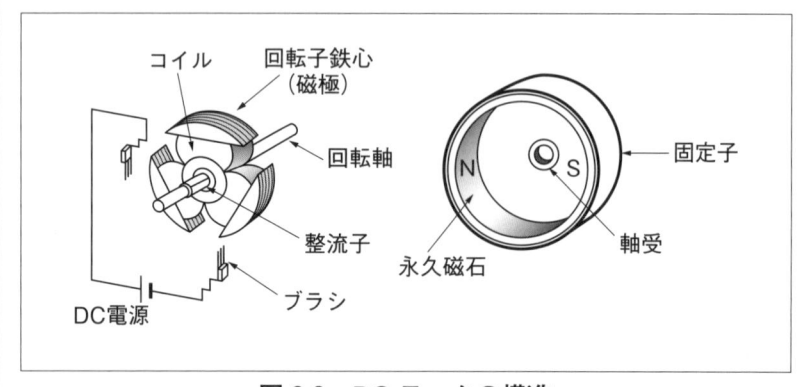

図 2.6　DC モータの構造

　図 2.7 は、DC モータの回転原理です。電源のプラス極から流れ出た電流は、ブラシから整流子片を通り、コイルの中を流れ、コイルが巻かれている鉄心を N 極や S 極に磁化し、他の整流子片からもう一方のブラシを通り、マイナス極へ戻ります。

　固定子には永久磁石が使用され、この永久磁石の N 極・S 極と回転子の磁極との間で、吸引力・反発力が生じ、DC モータは回転します。

　回転子のコイルに電流が流れると、図 2.7（a）で、磁極Ⓐは N 極、ⒷとⒸは S 極になります。すると、固定子の S 極とⒶは吸引し、Ⓑに

は反発する力が働きます。この力は固定子のN極と©との間に働く吸引力よりも大きいので、回転子は右方向へ回転します。60°回転すると図 (b) のようになり、固定子のN極側で同様な力が生じ、回転子は右回転を続けます。

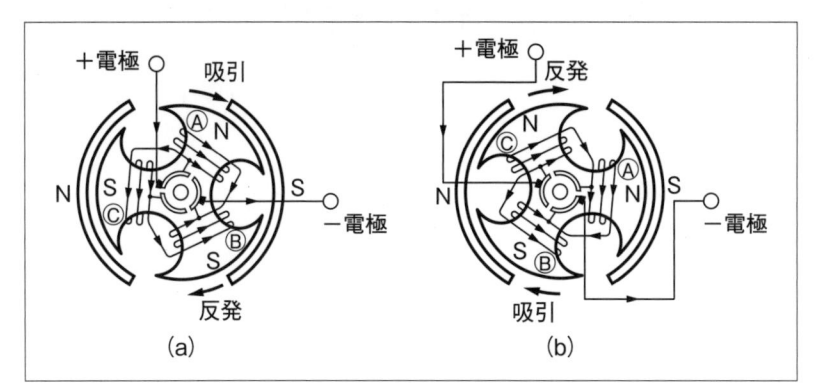

図 2.7　DC モータの回転原理

3 CdS セル回路

図 2.8 は、光導電効果を利用した CdS セル回路です。光導電効果とは、光導電体（半導体）に光が照射されると、素子内にキャリアが発生し、導電性が高まる現象です。

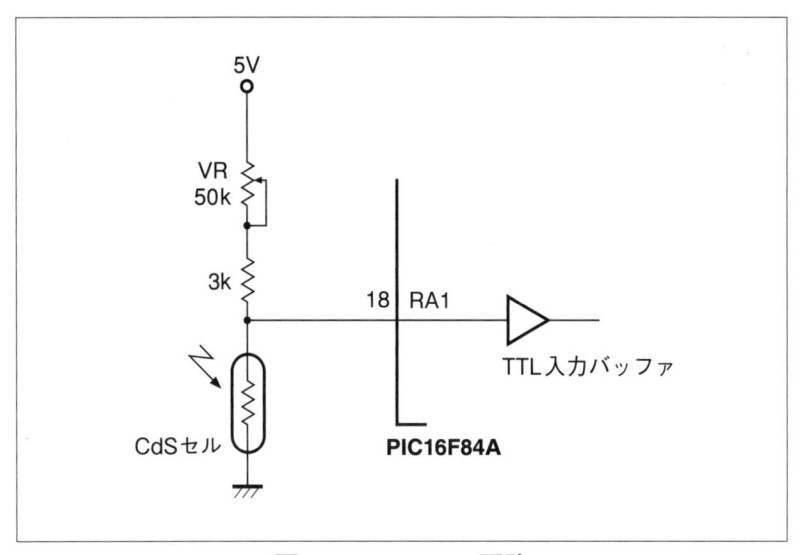

図 2.8　CdS セル回路

図 2.9 は、光導電効果の説明図です。図 (a) は CdS セルの原理で、電極 A、B 間に N 形半導体の CdS 光導電体が狭まっています。ところで、CdS セルは硫化カドミウムを主成分とした光導電セルの総称で、このほかに CdSe、CdS・Se などもあります。

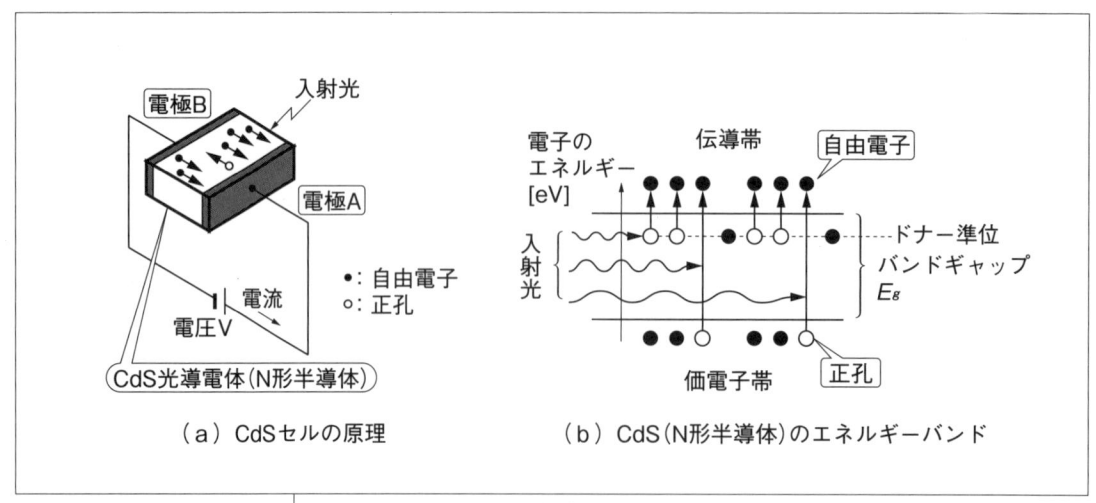

図2.9　光導電効果

> **キャリア**
> 半導体に流れる電流は、自由電子と正孔の流れによって作られます。この自由電子と正孔をキャリアといいます。N形半導体の多数キャリアは自由電子で、P形半導体の多数キャリアは正孔です。電流の流れる方向と正孔の移動する方向は同じで、電流の流れる方向と自由電子の移動方向は逆です。

　このCdS光導電体に光が照射されると、図(b)に示すように、光エネルギーによってドナー準位または価電子帯の電子が伝導帯に励起されます。すると、伝導帯には多数キャリアの自由電子ができ、価電子帯の電子のぬけたあとが少数キャリアの正孔になります。

　図(a)のように、電極A、B間に電圧Vを印加し、CdSセルを暗黒中に放置すると、わずかな電流（暗電流）しか流れません。したがって、素子は高抵抗になります。そこで、CdSセルに光を照射すると、光導電効果によってキャリアが発生します。すると、印加電圧Vによって、多数キャリアの自由電子は電極Aの方向へ、少数キャリアの正孔は電極Bの方向へ移動し、電流は増大します。このキャリアの中には熱励起などによるものも含まれます。このようにして、素子の抵抗は小さくなります。

　図2.10に、CdSセル（樹脂コーティング型）の外観と構造および

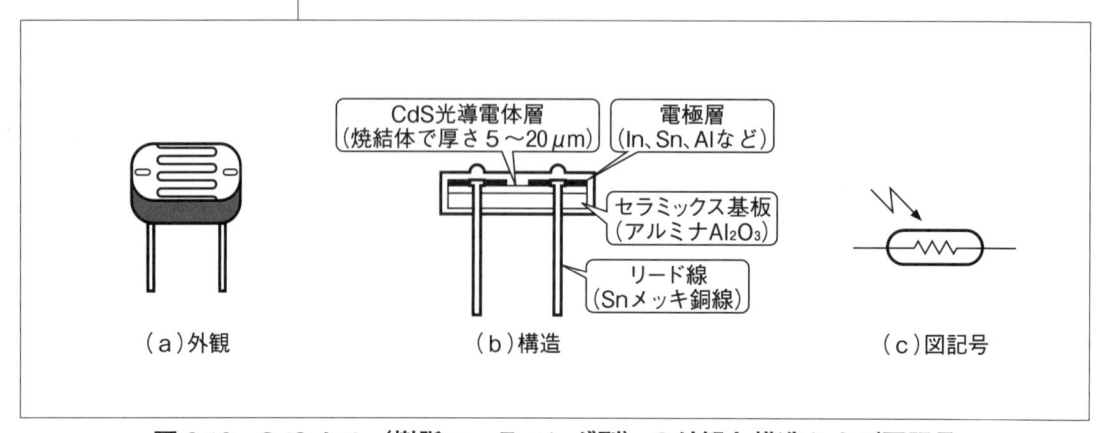

図2.10　CdSセル（樹脂コーティング型）の外観と構造および図記号

図記号を示します。

図2.8において、CdSセルは、光エネルギーの大小に応じて、内部抵抗が大きく変化する一種の光可変抵抗器の働きをします。例えば、CdSセルの受光面に直射日光を照射すると100Ω以下になり、暗黒にすると数MΩ以上にもなります。

図2.8のCdSセル回路は、CdSセルに、ボリュームVR50kΩと3kΩの抵抗が直列接続され、両端に5Vの電圧が印加されています。CdSセルの抵抗と直列接続された抵抗によって、5Vを分圧します。CdSセルの両端の電圧が分圧により1.25Vに達すると、PICのRA1ピンに"H"の信号が入力したことになります。このように、ボリュームVRを調整し、CdSセルの受光面を暗くすることによって、RA1ピンを"H"にします。

なぜ、RA1ピンの電圧が1.25Vに達すると"H"の信号が入ったことになるのでしょうか。次のようなPICのI/Oポートの特性によります。

PICのI/Oポートには入力バッファがあり、入力バッファにはTTL互換入力とシュミットトリガ入力があります。PORTAのRA0～RA3はTTLバッファタイプで、RA4はシュミットトリガタイプになっています。

ピンの電圧がV_{IH}の範囲のときは1（H）と読み出され、V_{IL}の範囲のときは0（L）と読み出されます。表2.2に、TTL互換入力とシュミットトリガ入力のV_{IL}とV_{IH}を示します。

図2.2のメカ・ビートル制御回路では、PORTAのRA1を使用しているので、TTLタイプです。このため、V_{IH}の最小値MINは、$0.25V_{DD}$より、$0.25 \times 5 = 1.25V$が"H"と見なされる最小の値になります。

> **分圧**
> 図のように、抵抗R_1とR_2が直列接続された両端に電源電圧V_{CC}を印加したとします。分圧とは、R_1とR_2によって、電源電圧V_{CC}をV_1とV_2に分けることです。V_{OUT}は次式で表すことができます。
>
> $$V_{out} = V_1 = \frac{R_1}{R_1 + R_2} \cdot V_{CC} \ [V]$$

> **ボリュームVRの調整**
> ボリュームVRの抵抗値は、右まわし一杯で最大となり、左まわしで0に近づきます。VRの抵抗値が0に近いと、CdSセルの受光面が少し暗いだけでメカ・ビートルは停止してしまいます。

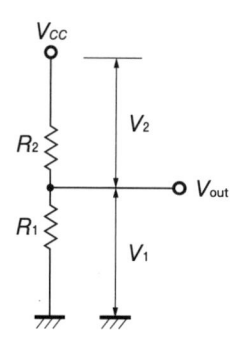

表2.2 TTL互換入力とシュミットトリガ入力のV_{IL}とV_{IH}

バッファタイプ	V_{IL}		V_{IH}	
	MIN	MAX	MIN	MAX
TTL（RA0～RA3）	V_{SS}	$0.16V_{DD}$	$0.25V_{DD}$	V_{DD}
シュミットトリガ（RA4）	V_{SS}	$0.2V_{DD}$	$0.8V_{DD}$	V_{DD}

4 赤外線送信・受信回路

図2.2のメカ・ビートル制御回路において、PIC 1と赤外LED回路は赤外線送信回路を形成し、PIC 2と赤外線リモコン受信モジュールは赤外線受信回路になります。

送信回路で、図2.11に示す送信データを送信し、前方にある障害物によって反射された送信データを、赤外線リモコン受信モジュールは受信します。受信回路によって、受信データは、アクティブロウになった図2.12に示すデータになります。誤作動をなくすため、送信データは多めの10ビットにしています。

赤外線リモコン受信モジュールは、シールドタイプのPL-IRM0101-3を使用しています。PL-IRM0208-A538でも通常に動作しますが、光の加減によって多少の誤作動が発生することがあります。

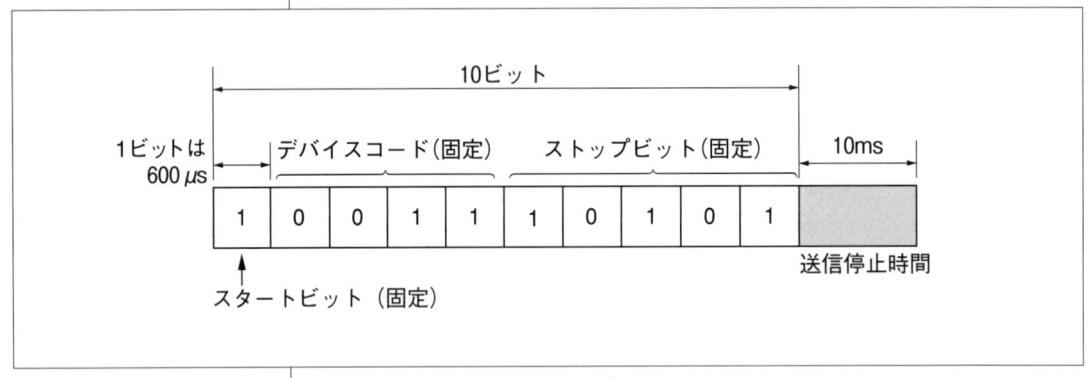

図 2.11 送信データ

図 2.12 受信データ

2-2 メカ・ビートル組み立ての注意

メカ・ビートルを組み立てる際に気を付けることを述べます。

① ギヤーボックスは低速タイプ（203.7:1）にします。ギヤーの固定は、各ギヤー間に多少のすき間ができるよう緩めにします。このすき間が少ないと、メカ・ビートルが滑らかに動かないことがあります。また、付属のグリスをギヤー全体に付けると良いでしょう。

② 図2.13に示すように、クランク穴の数字（1～4）により歩幅が調整でき、走行速度を変えることができます。数字が大きいほど歩幅は広く、速度は速くなります。ここではクランク穴を"4"にします。

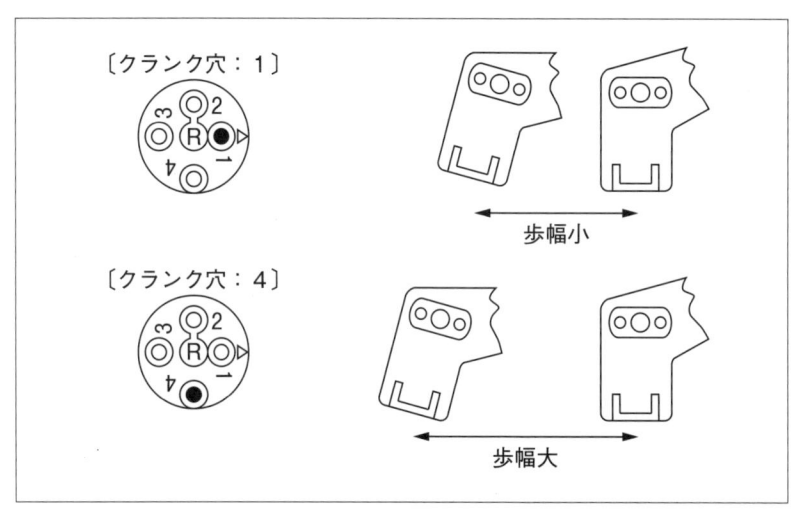

図2.13　クランク穴の数字による歩幅の調整

③ 図2.14は、ピニオンの圧着とモータのギヤーボックスへの取り付けです。モータの回転軸にピニオンを図のように圧着させ、その後、モータをギヤーボックスに取り付けます。

外れたピニオンの付け方

完成したメカ・ビートルを長い間使用していると、時として、ピニオンの圧着が緩み、ピニオンがモータの回転軸から外れることがあります。このときは、回転軸に強力接着剤を塗り、回転軸をピニオンに挿入する方法があります。

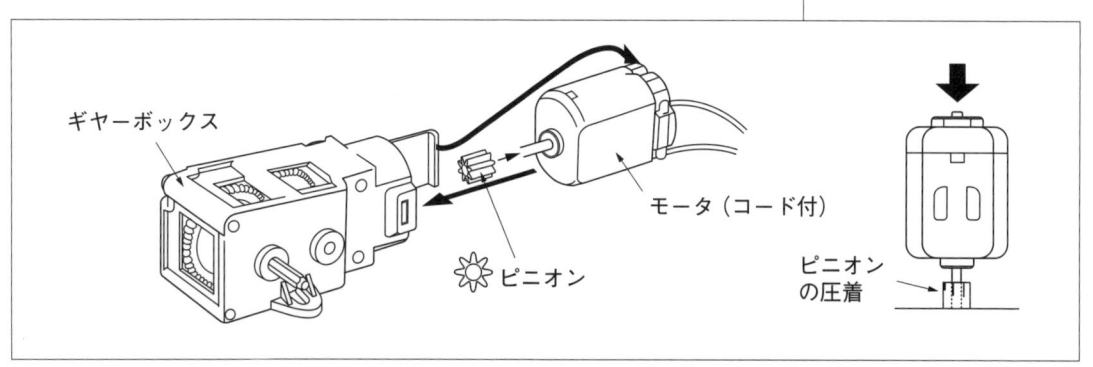

図2.14　ピニオンの圧着とモータのギヤーボックスへの取り付け方

2-3 基板の製作

表2.3は、メカ・ビートルの部品リストです。

表2.3 メカ・ビートルの部品リスト

部品	型番	規格等		個数	備考	単価(円)
PIC	PIC16F84A			2	マイクロチップテクノロジー	300
IC ソケット		18P		2	PIC 用	20
赤外線リモコン受信モジュール	PL-IRM101-3	シールドタイプ f=38kHz λp=940nm		1	PARA LIGHT 同等品代用可	110
赤外 LED	TLN108	λp=940nm　東芝		1	同等品代用可	240
セラロック	CSTLS-G	10MHz　3本足		2	村田製作所	40
三端子レギュレータ	78L05			1		50
DC モータドライブ IC	TA7267BP			1	東芝	200
CdS セル	P1201	同等品代用可		1	浜松ホトニクス	40
マイクロスイッチ	SS-1GL2-E-4	同等品代用可		1	オムロン	180
トグルスイッチ	MS245	6P		1	ミヤマ	210
半固定抵抗	CT-6P	50k	基板用小型	1	同等品代用可	80
		5k		1		80
抵抗		3k	1/4W	1		5
		560 Ω		1		5
		100 Ω		2		5
電解コンデンサ		33μF	16V	2		25
積層セラミックコンデンサ		0.1μF	50V	1		10
セラミックコンデンサ		0.01μF	50V	1		10
ユニバーサル基板	ICB-88			1	サンハヤト	90
単三形電池ボックス		2本形		1		80
単三形乾電池		単三形アルカリ		2	単三形ニッケル水素電池代用可	40
006P 電池ボックス				1		120
アルカリ乾電池	006P（9V）			1	マンガン乾電池代用可	350
電池プラグケーブル				2	電池スナップ	40
ビス・ナット		2×10mm		各4		5、4
		2×15mm		各1		5、4
		3×15mm		各2		10、5
タッピングビス		2×6mm		2		5、4
スペーサ		長さ 4mm		2	付属品を代用	
メカ・ビートル本体				1	タミヤ	980
その他		リード線、すずめっき線など				

2-3 基板の製作

図 2.15 は、メカ・ビートル制御回路基板です。

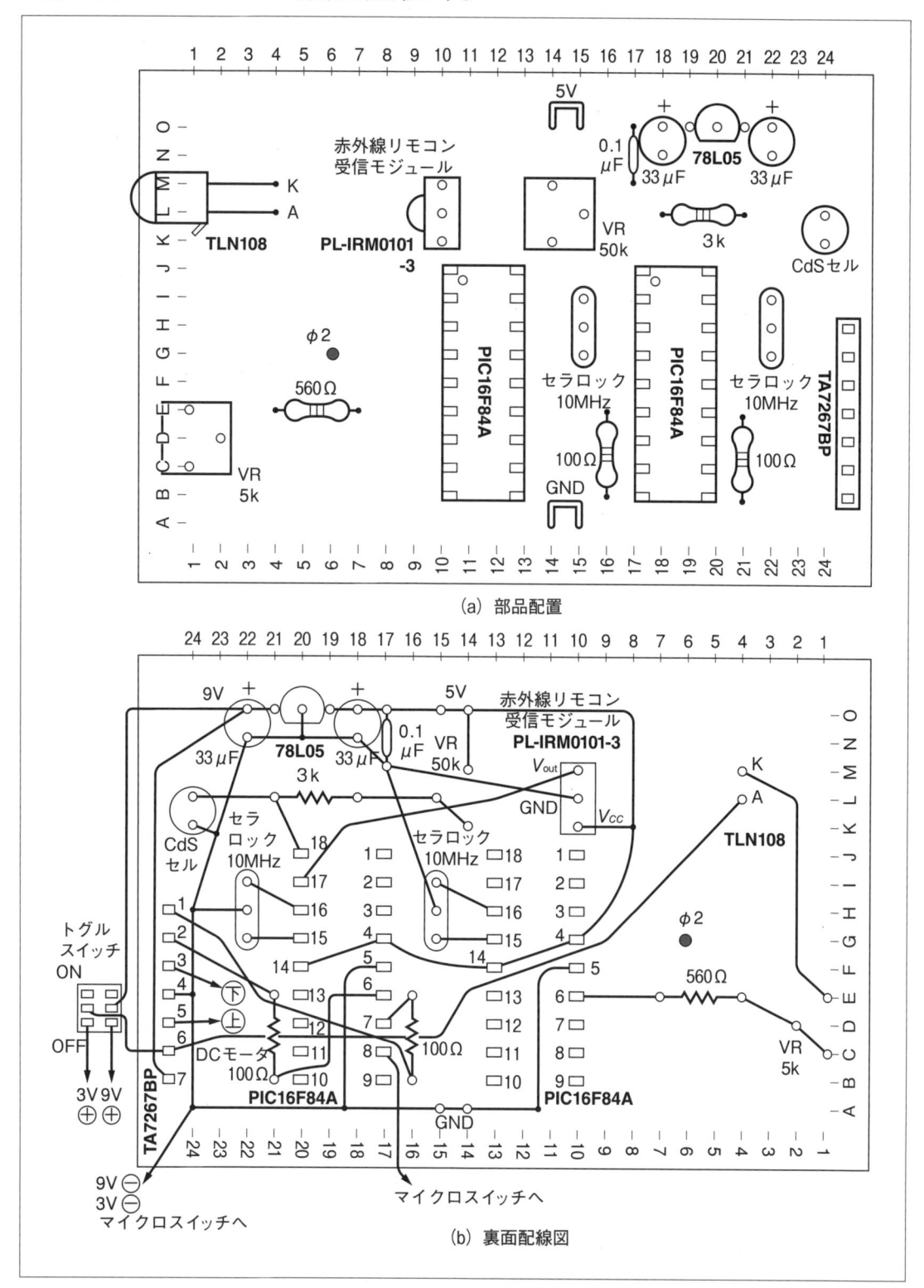

(a) 部品配置

(b) 裏面配線図

図 2.15　メカ・ビートル制御回路基板

第2章 メカ・ビートル

2-4 穴あけ加工と部品の固定

図2.16に、メカ・ビートルの穴あけ加工と部品の固定を示します。

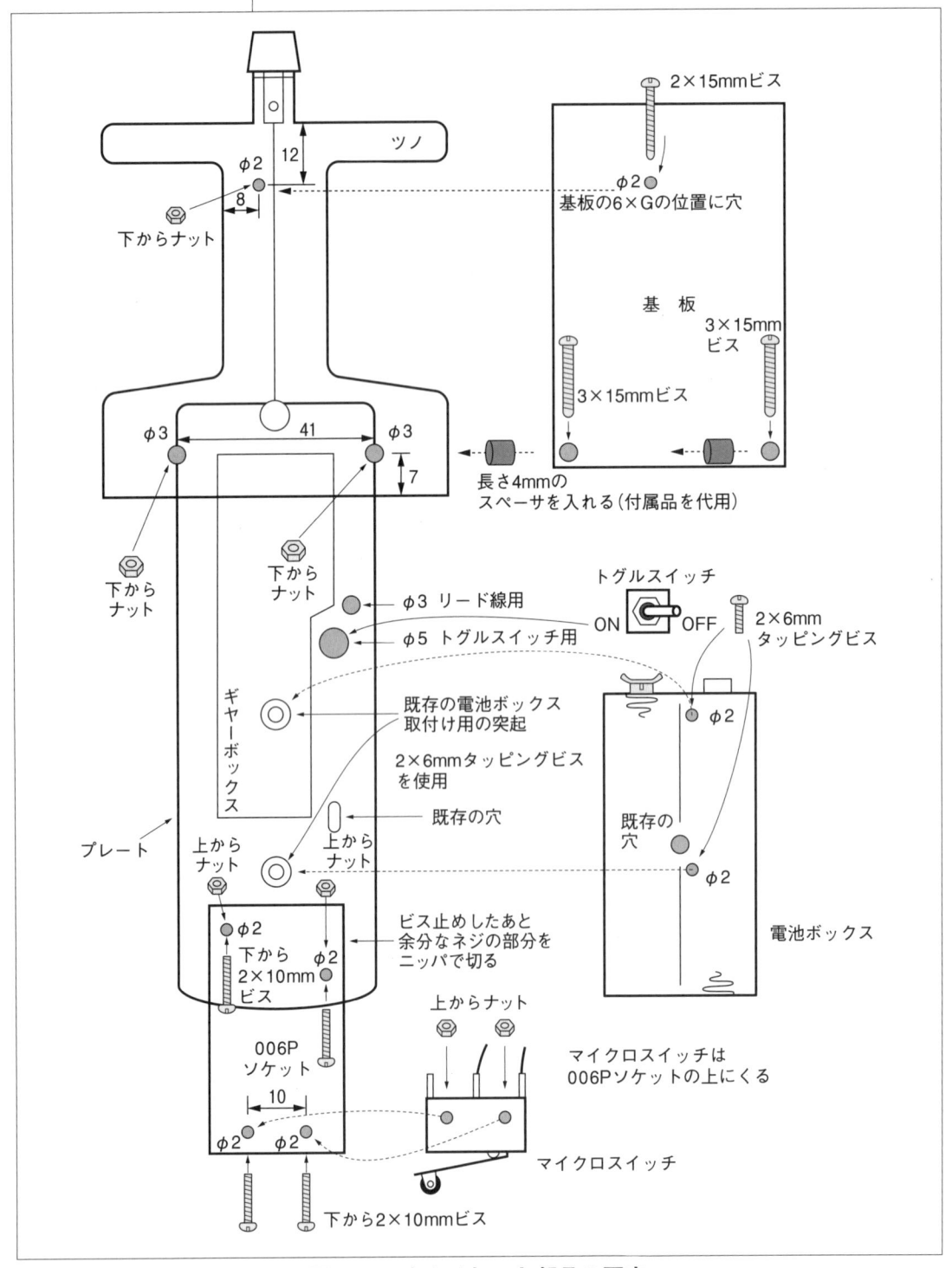

図2.16 穴あけ加工と部品の固定

2-5 メカ・ビートルの制御

1 送信回路のフローチャートとプログラム

図2.17は、メカ・ビートル送信回路のフローチャートであり、そのプログラムをプログラム2.1に示します。

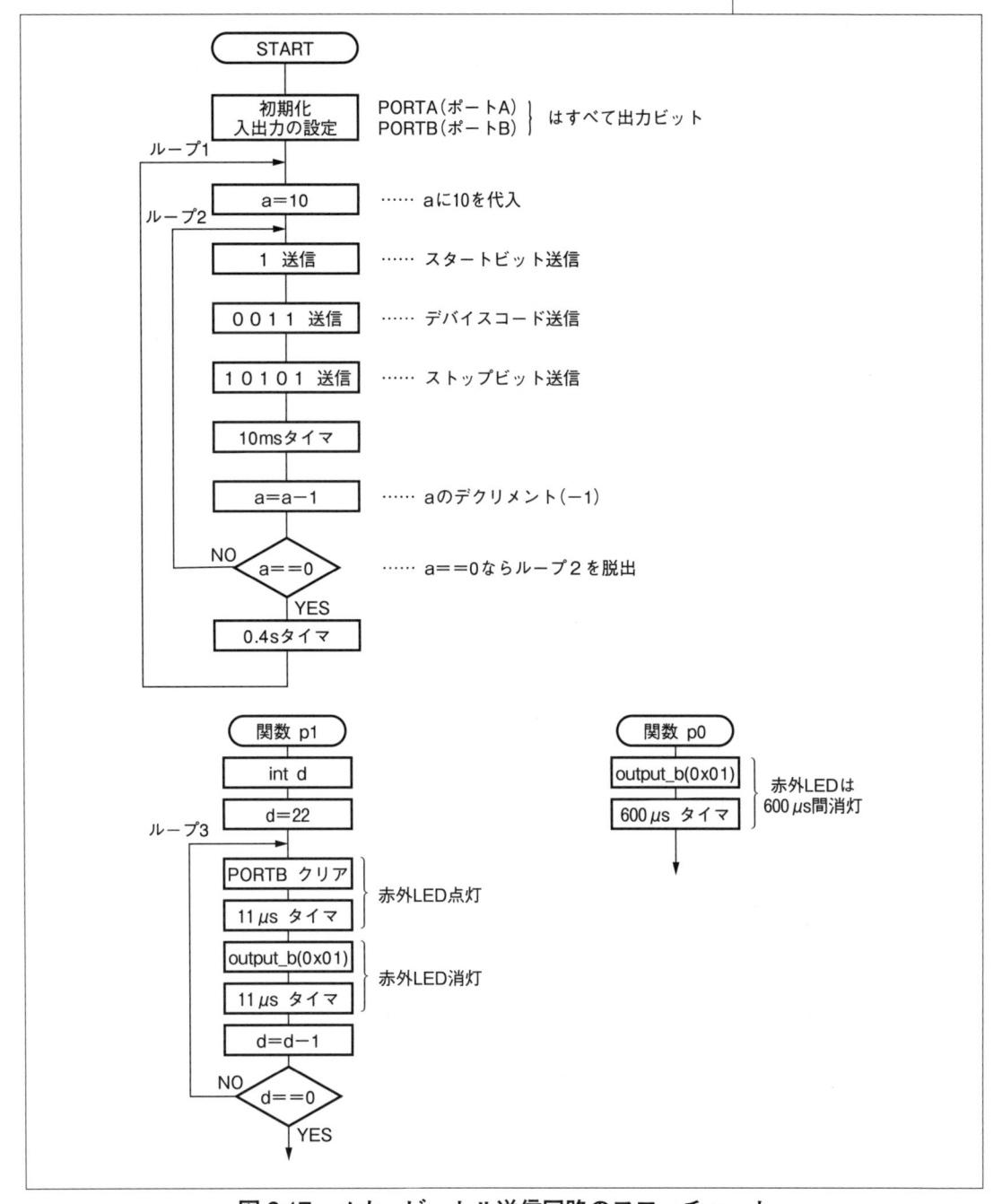

```
START
 ↓
初期化              PORTA(ポートA)
入出力の設定  ……   PORTB(ポートB)  はすべて出力ビット
 ↓  ← ループ1
a＝10          …… aに10を代入
 ↓  ← ループ2
1 送信         …… スタートビット送信
 ↓
0011 送信      …… デバイスコード送信
 ↓
10101 送信     …… ストップビット送信
 ↓
10msタイマ
 ↓
a＝a－1        …… aのデクリメント(－1)
 ↓
a==0 ?         …… a==0ならループ2を脱出
 NO→ループ2へ
 YES↓
0.4sタイマ
 →ループ1へ


関数 p1
 ↓
int d
 ↓
d＝22
 ↓  ← ループ3
PORTB クリア  }
11μs タイマ   }  赤外LED点灯
 ↓
output_b(0x01) }
11μs タイマ    }  赤外LED消灯
 ↓
d＝d－1
 ↓
d==0 ?
 NO→ループ3へ
 YES↓


関数 p0
 ↓
output_b(0x01)  }  赤外LEDは
600μs タイマ    }  600μs間消灯
 ↓
```

図2.17 メカ・ビートル送信回路のフローチャート

第2章 メカ・ビートル

■プログラム 2.1　メカ・ビートル送信回路

```
#include <16f84a.h>
#fuses HS,NOWDT,PUT,NOPROTECT
#use delay(clock=10000000)
void p0();      ……関数 p0 は戻り値なしというプロトタイプ宣言
void p1();      ……関数 p1 は戻り値なしというプロトタイプ宣言
main()          ……main 関数
{
    int a;      ……a という int 型変数の定義
    set_tris_a(0);  ……PORTA はすべて出力ビットに設定
    set_tris_b(0);  ……PORTB はすべて出力ビットに設定
    while(1)    ……ループ 1
    {
        a=10;   ……a に 10 を代入
        while(1)    ……ループ 2
        {
            p1();                           ……スタートビット
            p0();p0();p1();p1();            ……デバイスコード      } とします
            p1();p0();p1();p0();p1();       ……ストップビット
            delay_ms(10);   ……10ms の送信停止時間
            a=a-1;  ……a-1 の結果を a に代入、a のデクリメント（-1）
            if(a==0)    ……a==0 なら、break 文でループ 2 を脱出
                break;
        }
        delay_ms(400);  ……0.4s タイマ
    }
}
void p0()   ……関数 p0 の本体
{
    output_b(0x01);  ……PORTB に 0x01 を出力します。RB0 は"1"になり赤外 LED は消灯
    delay_us(600);   ……600μs タイマ
}
void p1()   ……関数 p1 の本体
{
    int d;  ……d という int 型変数の定義
    d=22;   ……d に 22 を代入
    while(1)    ……ループ 3
    {
        output_b(0);        ……PORTB をクリア(0)，赤外 LED は点灯
        delay_us(11);       ……11μs タイマ
        output_b(0x01);     ……PORTB に 0x01 を出力します。RB0 は"1"になり，赤外 LED は消灯
        delay_us(11);       ……11μs タイマ
        d=d-1;  ……d-1 の結果を d に代入、d のデクリメント（-1）
        if(d==0)    ……d==0 なら、break 文でループ 3 を脱出
            break;
    }
}
```

2 受信回路のフローチャートとプログラム

図2.18は、メカ・ビートル受信回路のフローチャートであり、そのプログラムをプログラム2.2に示します。

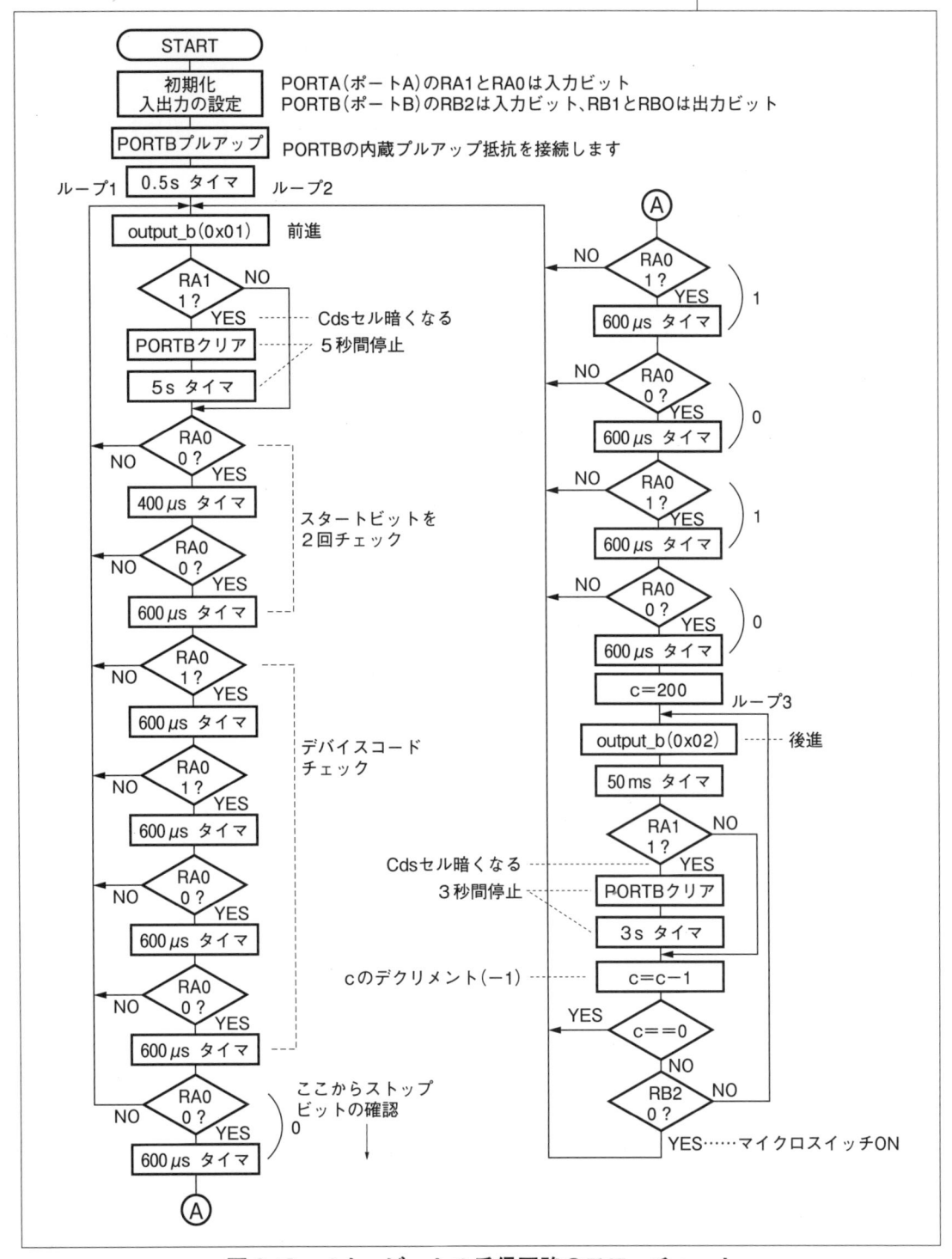

図2.18 メカ・ビートル受信回路のフローチャート

■プログラム2.2　メカ・ビートル受信回路

```
#include <16f84a.h>
#fuses HS,NOWDT,PUT,NOPROTECT
#use delay(clock=10000000)
main()
{
    int c;           ……cというint型変数の定義
    set_tris_a(0x03);    ……PORTAのRA1とRA0は入力ビットに設定
    set_tris_b(0x04);    ……PORTBのRB2は入力ビット、RB1とRB0は出力ビットに設定
    port_b_pullups(true); ……PORTBの内蔵プルアップ抵抗を接続します
    delay_ms(500);   ……0.5sタイマ
    while(1)         ……ループ1
    {
        while(1)     ……ループ2
        {
            output_b(0x01);       ……RB1は"0"、RB0は"1"になり、前進
            if(input(PIN_A1)==1)  ……CdSセルの表面が暗くなるとRA1は"1"
            {
                output_b(0);      ……PORTBはクリア(0)、停止
                delay_ms(5000);   ……5sタイマ
            }
            if(input(PIN_A0)==0)  ……RA0は"0"
                delay_us(400);    ……400μsタイマ
            else
                break;
            if(input(PIN_A0)==0)  ……RA0は"0"
                delay_us(600);    ……600μsタイマ
            else
                break;
            if(input(PIN_A0)==1)  ……デバイスコード4ビット目
                delay_us(600);         RA0は"1"なら、600μsタイマ
            else
                break;
            if(input(PIN_A0)==1)  ……デバイスコード3ビット目
                delay_us(600);         RA0は"1"なら、600μsタイマ
            else
                break;
            if(input(PIN_A0)==0)  ……デバイスコード2ビット目
                delay_us(600);         RA0は"0"なら、600μsタイマ
            else
                break;
            if(input(PIN_A0)==0)  ……デバイスコード1ビット目
                delay_us(600);         RA0は"0"なら、600μsタイマ
            else
                break;
            if(input(PIN_A0)==0)  ……ここからストップビットの確認
                delay_us(600);         RA0は"0"なら、600μsタイマ
            else
                break;
            if(input(PIN_A0)==1)  ……RA0は"1"なら、600μsタイマ
                delay_us(600);
            else
```

RA0は"0"かどうか、スタートビットを2回チェックします
RA0が"0"でなければbreak文でループ2を脱出

次ページへ続く➡

```
            break;
        if(input(PIN_A0)==0) ┄┄┄┐RA0は"0"なら、600μsタイマ
            delay_us(600); ┄┄┄┄┘
        else
            break;
        if(input(PIN_A0)==1) ┄┄┄┐RA0は"1"なら、600μsタイマ
            delay_us(600); ┄┄┄┄┘
        else
            break;
        if(input(PIN_A0)==0) ┄┄┄┐RA0は"0"なら、600μsタイマ
            delay_us(600); ┄┄┄┄┘
        else
            break;
        c=200; ┄┄┄┄cに200を代入
        while(1) ┄┄┄┄ループ3
        {
            output_b(0x02); ┄┄┄┄RB1は"1"、RB0は"0"になり、後進
            delay_ms(50); ┄┄┄┄50msタイマ
            if(input(PIN_A1)==1) ┄┄┄┄CdSセルの表面が暗くなるとRA1は"1"
            {
                output_b(0); ┄┄┄┄PORTBはクリア(0)、停止
                delay_ms(3000); ┄┄┄┄3sタイマ
            }
            c=c-1; ┄┄┄┄c－1の結果をcに代入、cのデクリメント(－1)
            if(c==0) ┄┄┄┄c==0になるとbreak文でループ3を脱出
                break;
            else if(input(PIN_B2)==0) ┄┄┄┐マイクロスイッチONで, RB2は"0"、
                break; ┄┄┄┄┄┄┄┄┄┄┄┘すると、break文でループ3を脱出
        }
      }
    }
}
```

Column

　著者は工業高校そして現在の総合高校に勤務するなかで、神奈川県工業教育研究会の電気部会に 15 年間、機械部会に 23 年間所属しました。とくに機械部会では、センサ回路、Z80 マイコン制御、ポケコン制御、メカトロニクス、PIC 制御など多くのことを学び、経験を積んできました。

　PIC への関心が高まるなかで、著者は機械部会より「PIC 回路の製作」という夏季研修会の講師を依頼され、2001 年夏より毎年異なった PIC 回路やロボットを製作してきました。毎年 10 名前後の神奈川県下の機械系教師が参加します。2007 年の夏は、本書の「赤外線リモコン送信機による自走キャタピラ車」と同じプログラムを利用する赤外線リモコン送信機による「自走インセクト」を製作しました。タミヤのリモコン・インセクトを改造したものです。リモコン・インセクトは有線のリモコンでスティックが付属していますが、このスティックを赤外線リモコン送信機に改造します。インセクトが前、左右の障害物を避けるように自走し、さらに赤外線リモコン送信機で自在に操縦できるので、完成すると大人でも楽しいものです。

　じつは、2007 年の受講者には大変ありがたい情報を提供していただきました。本書の初校を終え、再校も締め切りが 2 日後に迫っているなかで、メカ・ビートル、自走キャタピラ車などで使用している DC モータドライブ IC「TA7257P」が製造中止とのことです。この IC は数々の専門書で取り上げられている東芝製の有名な IC です。まさか廃品種になるとは考えてもみませんでした。メーカに問い合わせてみるとそのとおりです。インターネットで同等品を探すと、同じ東芝製の「TA7267BP」がありました。大きさ、動作、ピン配置、動作電源電圧は全く同じで、出力電流だけが少し小さい 1.0A（平均）になっていました。さっそく東京・秋葉原で入手し、動作確認をしました。本書の製作では全く問題ありません。むしろ価格が 350 円から 200 円になり好都合です。

　さらに同じようなことがもう一つありました。著者は、2007 年 4 月より横浜システム工学院専門学校システム工学科で非常勤講師をしています。システム工学科は 2 年間で組込みシステム、別名エンベデッドシステムを学ぶ学科です。「組込みハードウェア技術」の授業のなかで、本書で使用する米国 CCS 社の C コンパイラ PCM の話をしました。学生の一人が、このコンパイラ PCM を何日か前に購入したところ、コンパイラ本体は CD-ROM に入っているということです。著者が購入したときはフロッピーディスク 2 枚に収まっていましたので、本書での紹介ページも差し替えました。この写真撮影も再校締め切りの前日でした。

　話を前述の機械部会に戻します。この部会の活動方針は、会員一人ひとりが回路や装置を製作し、実験をすることによって、その理論や動作原理を理解し、わかりやすい教材作りをすることです。本書もこの方針にならい、ハードウェア／ソフトウェアともにわかりやすく執筆しました。

第3章 自走キャタピラ車

タミヤの各種のセットを集めてキャタピラ車を組み立てます。このキャタピラ車は、障害物を避けながら自走することができ、改造リモコン送信機のスティックの操作によって、自走キャタピラ車を自在に制御することもできます。自走キャタピラ車およびリモコン送信機による自走キャタピラ車の制御は、どちらも赤外線リモコンの利用によります。自走キャタピラ車は、ロボットにふさわしい動きを見せてくれます。

3-1 自走キャタピラ車の概要

　図 3.1 は、赤外線リモコンを利用した自走キャタピラ車です。キャタピラ車本体は、タミヤのユニバーサルプレートセット、トラック＆ホイールセット、およびツインモータギヤーボックス（低速ギヤー比 203：1）より構成しています。

　一つの基板に、赤外線リモコン送信回路と受信回路を搭載した送受信回路になっています。送信回路には、前と左右に一つずつ三つの赤外 LED を設置し、38kHz のキャリア周波数で点滅を繰り返し、送信データの異なる送信波を、前と左右の方向に順次繰り返し発信します。

　送信波は前と左右の方向にある壁などの障害物によって反射され、受信回路の赤外線リモコン受信モジュールで受信するしくみになっています。

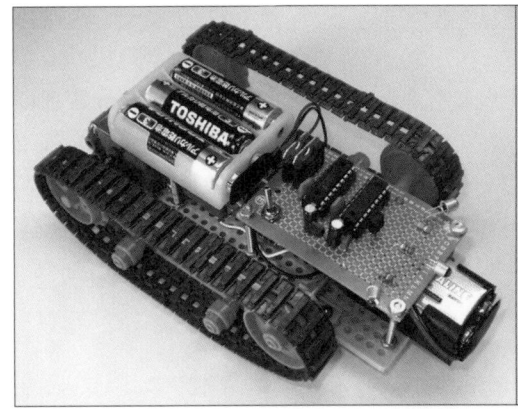

図 3.1　自走キャタピラ車

第3章　自走キャタピラ車

> **自走キャタピラ車の各パーツ**

ユニバーサルプレートセット、トラック＆ホイールセット、ツインモータギヤーボックス。
写真はこれらの外観です。

　障害物の形や色合、光沢にもよりますが、例えば前方7cm程度に壁があると、前進していたキャタピラ車は0.5秒間停止、その後、2秒間後進し、1秒間左旋回をします。また、左右の方向5cm程度に壁があると、ぶつからないように右または左に1秒間旋回します。旋回後は再び前進の動作に入ります。

3-2 送受信データの構成

図 3.2 は送信データであり、図 3.3 にアクティブロウになった受信データを示します。

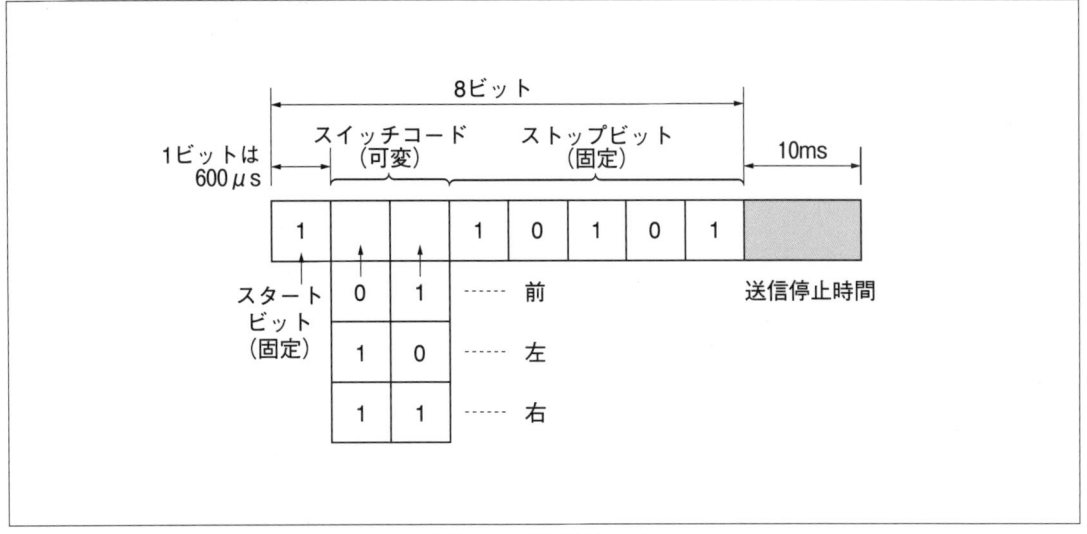

図 3.2　送信データ

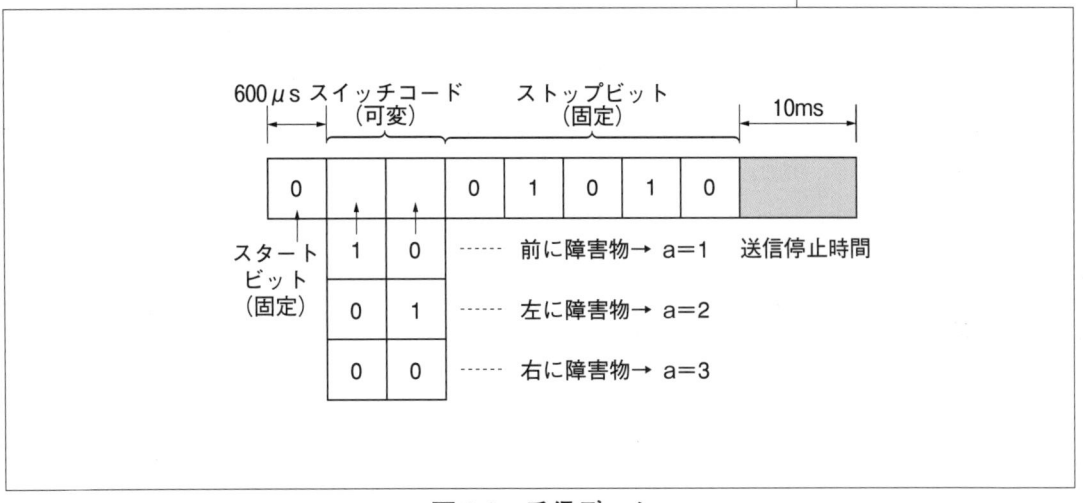

図 3.3　受信データ

3-3 赤外線リモコン送受信回路

図3.4は、自走キャタピラ車の赤外線リモコン送受信回路です。PIC16F84Aを二つ使用し、PIC 1は送信回路用、PIC 2は受信回路用に分けています。組込みシステムにおいては、このように、それぞれの処理ごとに専用のマイコンを用いて演算処理させるシステム構成を、マルチプロセッサ構成と呼んでいます。

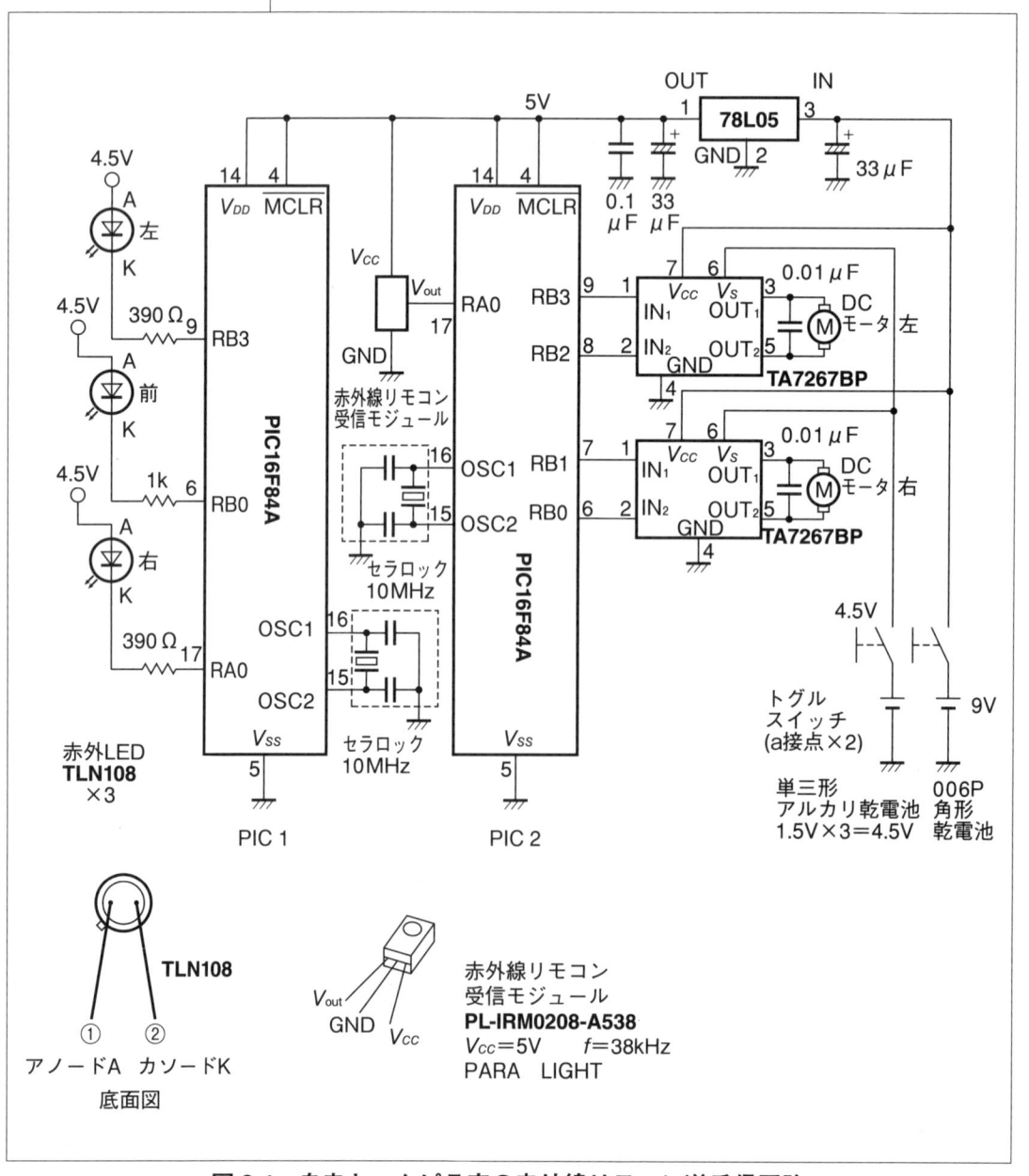

図3.4 自走キャタピラ車の赤外線リモコン送受信回路

3-4 送受信回路基板の製作

表 3.1 は、自走キャタピラ車の部品リストです。

表 3.1 自走キャタピラ車の部品リスト

部品	型番	規格等		個数	備考	単価（円）
PIC	PIC16F84A			2	マイクロチップテクノロジー	300
IC ソケット		18P		2	PIC 用	20
DC モータドライブ IC	TA7267BP			2	東芝	200
赤外 LED	TLN108	λp＝940nm		3	東芝 同等品代用可	240
赤外線リモコン受信モジュール	PL-IRM0208-A538	f＝38kHz λp＝940nm		1	PARA LIGHT 同等品代用可	100
三端子レギュレータ	78L05			1		50
セラロック	CSTLS-G	10MHz　3本足		2	村田製作所	40
抵抗		1k	1/4W	1		5
		390 Ω		2		5
セラミックコンデンサ		0.01μF	50V	2		10
積層セラミックコンデンサ		0.1μF	50V	1		10
電解コンデンサ		33μF	16V	2		25
トグルスイッチ	MS245	6P		1	ミヤマ	210
ユニバーサル基板	ICB-88			1	サンハヤト	90
単三形乾電池		単三形アルカリ		3	単三形ニッケル水素電池代用可	40
アルカリ乾電池	006P（9V）			1	マンガン乾電池代用可	350
単三形電池ボックス		平 3 本形		1		140
006P 電池ボックス				1		120
電池プラグケーブル				2	電池スナップ	40
ビス・ナット		3×30mm		各6		10、5
		3×10mm		各2		10、5
		2×8mm		各2		5、4
ナット		3mm		10		5
ユニバーサルプレートセット		付属品として 3×8mm ビス・ナット10組あり		1	タミヤ	300
トラック＆ホイールセット				1	タミヤ	450
ツインモータギヤーボックス				1	タミヤ	700
その他		リード線、すずめっき線など				

第3章 自走キャタピラ車

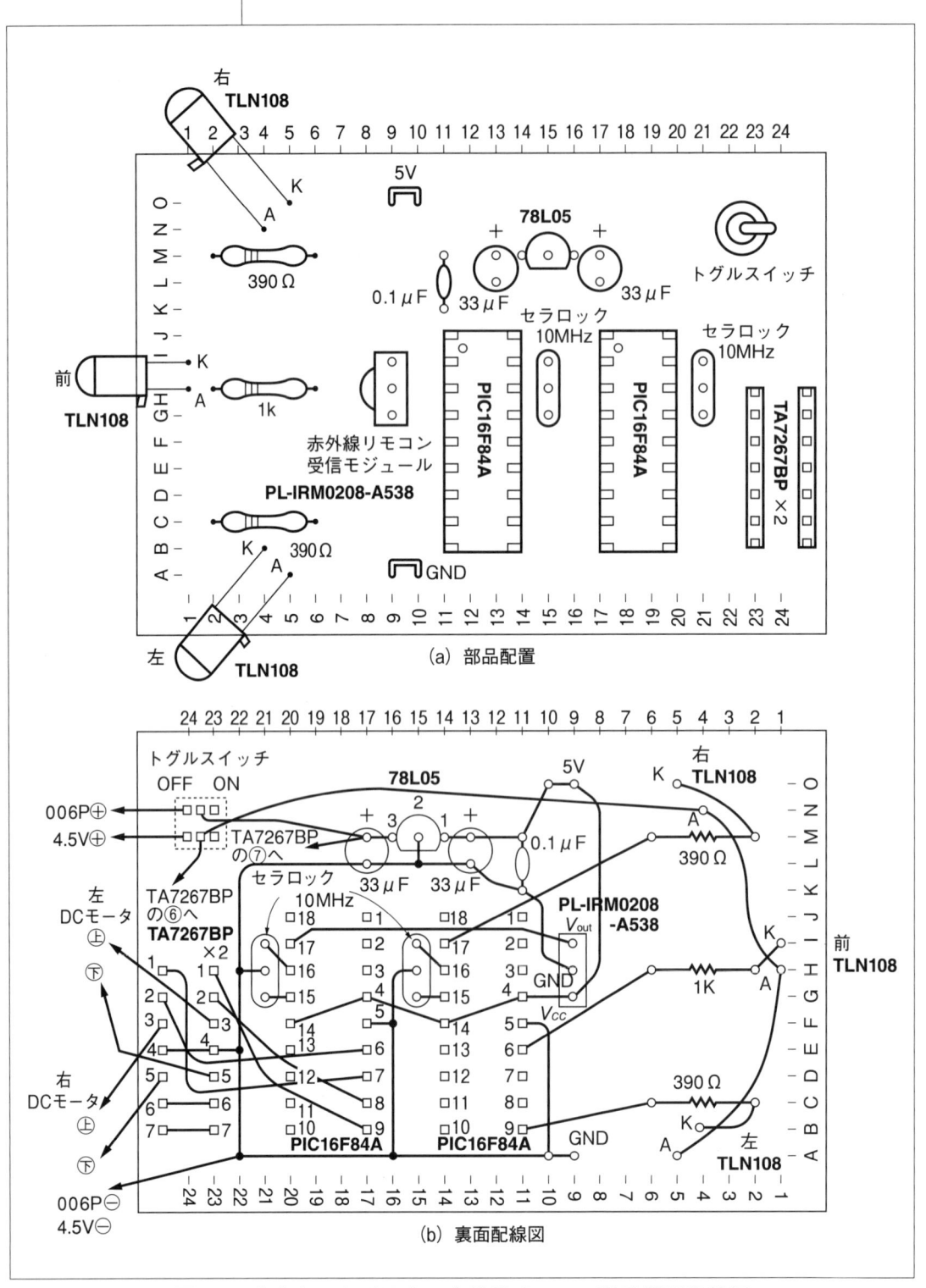

図3.5は、自走キャタピラ車の赤外線リモコン送受信回路基板です。

図3.5　自走キャタピラ車の赤外線リモコン送受信回路基板

3-5 自走キャタピラ車の部品配置

図3.6 に、自走キャタピラ車の部品配置を示します。

```
ギヤーボックス
（低速ギヤー比 203：1）        単三形電池ボックス
                              単三乾電池3本入

3×30mm              3×30mm
ビス・ナット  基板    ビス・ナット
                                         3×30mm
                    ギヤー                ビス・ナット
                    ボックス

            *  *                *    *        *
                    3×10mm
                    ビス・ナット                  3×8mm
                                                ビス・ナット
006P電池ボックス ユニバーサルプレート
                              アングル材

006P電池ボックスは2×8mmビス・ナット2組で    ＊ユニバーサルプレートセットの付属品
ユニバーサルプレートに固定します              として、10組の3×8mmビス・ナット
                                            があるので、使用します
```

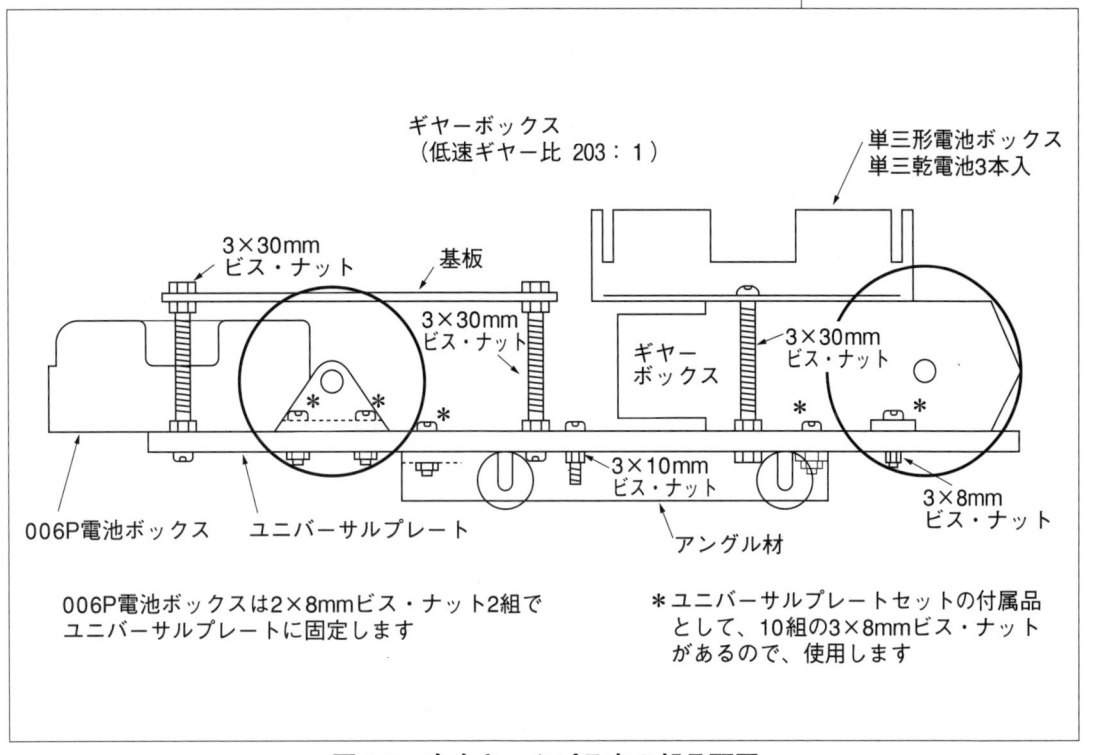

図 3.6　自走キャタピラ車の部品配置

3-6 自走キャタピラ車の制御

1 自走キャタピラ車送信回路のフローチャートとプログラム

図 3.7 は、自走キャタピラ車送信回路のフローチャートであり、そのプログラムをプログラム 3.1 に示します。

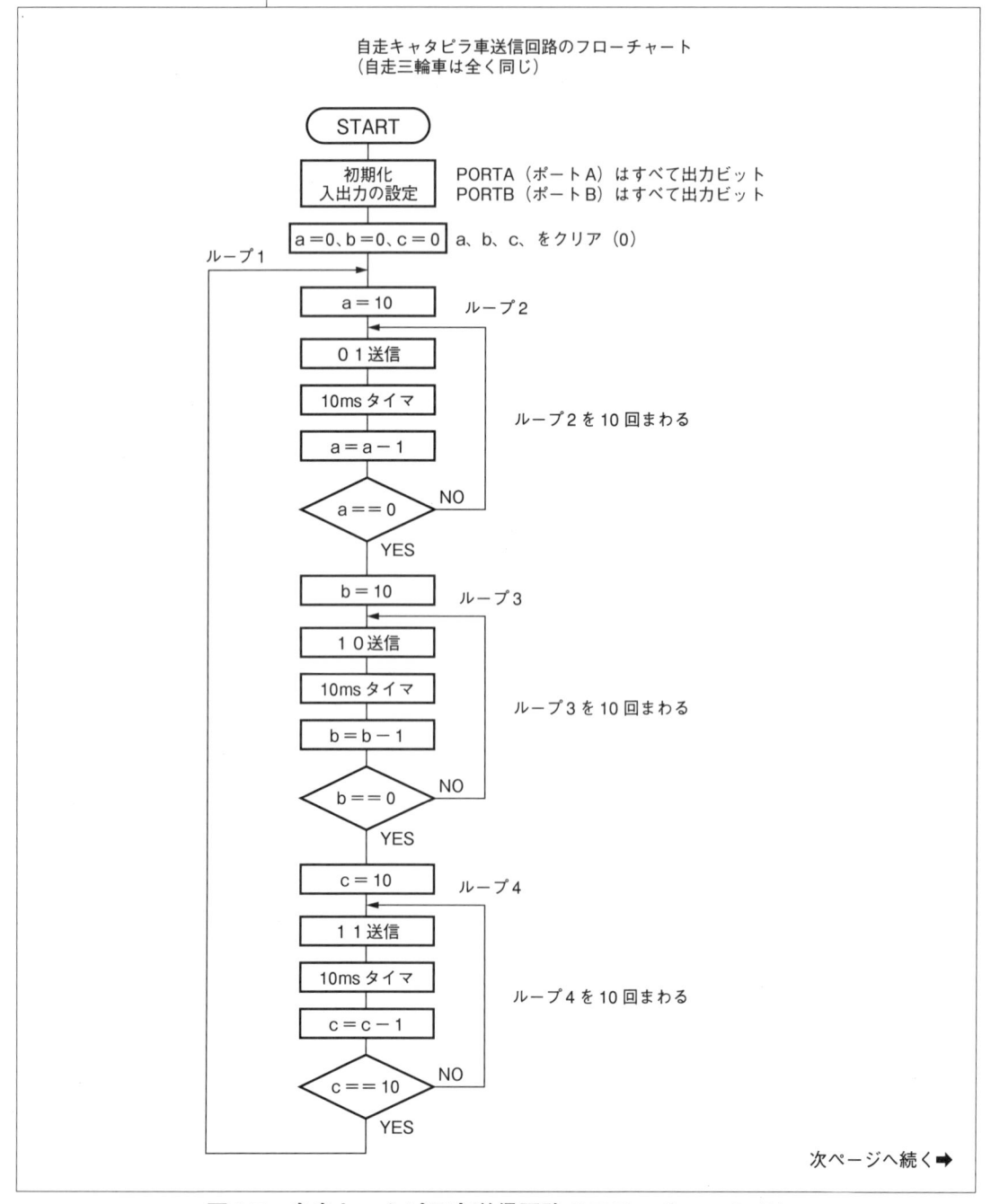

```
自走キャタピラ車送信回路のフローチャート
（自走三輪車は全く同じ）
```

START
↓
初期化　　　　　PORTA（ポートA）はすべて出力ビット
入出力の設定　　PORTB（ポートB）はすべて出力ビット
↓
a＝0、b＝0、c＝0　　a、b、c、をクリア（0）
↓ ← ループ1
a＝10　　　　　ループ2
↓ ←
０１送信
↓
10ms タイマ　　ループ2を10回まわる
↓
a＝a－1
↓
a＝＝0 → NO
↓ YES
b＝10　　　　　ループ3
↓ ←
１０送信
↓
10ms タイマ　　ループ3を10回まわる
↓
b＝b－1
↓
b＝＝0 → NO
↓ YES
c＝10　　　　　ループ4
↓ ←
１１送信
↓
10ms タイマ　　ループ4を10回まわる
↓
c＝c－1
↓
c＝＝10 → NO
↓ YES

次ページへ続く ➡

図 3.7　自走キャタピラ車送信回路のフローチャート (A)

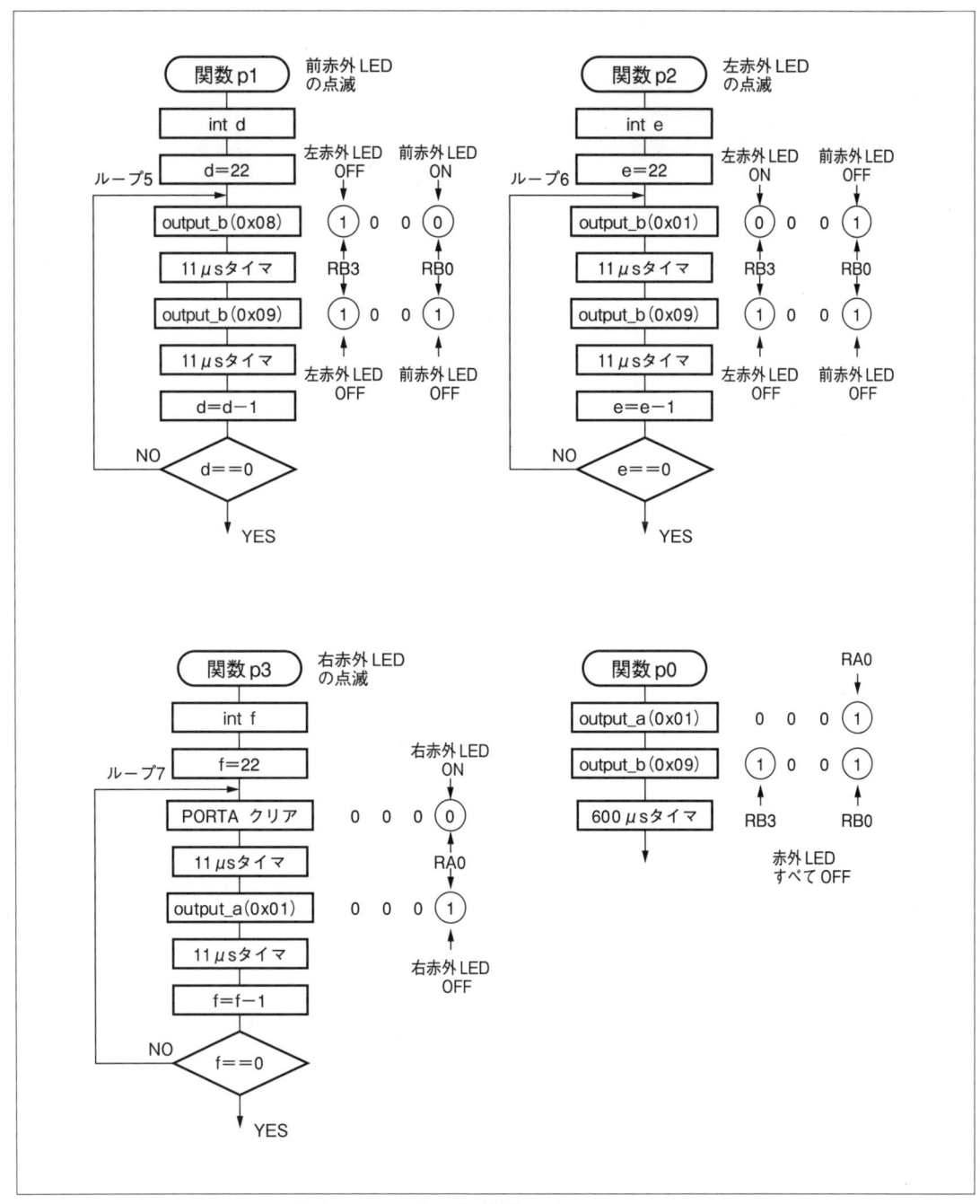

図 3.7　自走キャタピラ車送信回路のフローチャート (B)

第3章 自走キャタピラ車

■プログラム3.1　自走キャタピラ車送信回路

```
#include <16f84a.h>
#fuses HS,NOWDT,PUT,NOPROTECT
#use delay(clock=10000000)
void p0();      ……関数p0は戻り値なしというプロトタイプ宣言
void p1();         以下同様
void p2();
void p3();
main()
{
    int a,b,c;      ……a、b、cという名前のint型変数の定義
    set_tris_a(0);  ……PORTAはすべて出力ビットに設定
    set_tris_b(0);  ……PORTBはすべて出力ビットに設定
    a=0;b=0;c=0;    ……a、b、cをクリア(0)
    while(1)        ……ループ1
    {
        a=10;       ……aに10を代入
        while(1)    ……ループ2
        {
            p1();                      ……スタートビット
            p0();p1();                 ……スイッチコード …… *p0();ps();p0();p1();  (停止)
            p1();p0();p1();p0();p1();  ……ストップビット
            delay_ms(10);              ……10msの送信停止時間
            a=a-1;                     ……aのデクリメント(−1)
            if(a==0)                   ……a==0になると、ループ2を脱出
                break;
        }
        b=10;       ……bに10を代入
        while(1)    ……ループ3
        {
            p2();                      ……スタートビット
            p2();p0();                 ……スイッチコード …… *p0();p0();p2();p0();  (右旋回)
            p2();p0();p2();p0();p2();  ……ストップビット
            delay_ms(10);              ……10msの送信停止時間
            b=b-1;                     ……bのデクリメント(−1)
            if(b==0)                   ……b==0になると、ループ3を脱出
                break;
        }
        c=10;       ……cに10を代入
        while(1)    ……ループ4
        {
            p3();                      ……スタートビット
            p3();p3();                 ……スイッチコード …… *p0();p0();p3();p3();  (左旋回)
            p3();p0();p3();p0();p3();  ……ストップビット
            delay_ms(10);              ……10msの送信停止時間
            c=c-1;                     ……cのデクリメント(−1)
            if(c==0)                   ……c==0になると、ループ4を脱出
                break;
        }
    }
}
void p0()       ……関数p0の本体
```

＊赤外線リモコン送信機による自走キャタピラ車の場合、スイッチコードを変更します

次ページへ続く➡

```
{
    output_a(0x01);  ……RA0 は "1"、右赤外 LED OFF
    output_b(0x09);  ……RB3 は "1"、RB0 は "1"、左赤外 LED と前赤外 LED は OFF
    delay_us(600);   ……600μs タイマ
}
void p1()  ……関数 p1 の本体
{
    int d;  ……d という名前の int 型変数の定義
    d=22;   ……d に 22 を代入
    while(1)  ……ループ 5
    {
        output_b(0x08);  ……1000(0x08) { 左赤外 LED OFF
                                         前赤外 LED ON
        delay_us(11);    ……11μs タイマ
        output_b(0x09);  ……1001(0x09) { 左赤外 LED OFF
                                         前赤外 LED OFF
        delay_us(11);    ……11μs タイマ
        d=d-1;   ……d のデクリメント (-1)
        if(d==0)  ……d==0 になるとループ 5 を脱出
            break;
    }
}
void p2()  ……関数 p2 の本体
{
    int e;  ……e という名前の int 型変数の定義
    e=22;   ……e に 22 を代入
    while(1)  ……ループ 6
    {
        output_b(0x01);  ……0001(0x01) { 左赤外 LED ON
                                         前赤外 LED OFF
        delay_us(11);    ……11μs タイマ
        output_b(0x09);  ……1001(0x09) { 左赤外 LED OFF
                                         前赤外 LED OFF
        delay_us(11);    ……11μs タイマ
        e=e-1;   ……e のデクリメント (-1)
        if(e==0)  ……e==0 になると、ループ 6 を脱出
            break;
    }
}
void p3()  ……関数 p3 の本体
{
    int f;  ……f という名前の int 型変数の定義
    f=22;   ……f に 22 を代入
    while(1)  ……ループ 7
    {
        output_a(0);     ……0000 右赤外 LED ON
        delay_us(11);    ……11μs タイマ
        output_a(0x01);  ……0001(0x01)、右赤外 LED OFF
        delay_us(11);    ……11μs タイマ
        f=f-1;   ……f のデクリメント (-1)
        if(f==0)  ……f==0 になると、ループ 7 を脱出
            break;
    }
}
```

第3章 自走キャタピラ車

2 自走キャタピラ車受信回路のフローチャートとプログラム

図3.8は、自走キャタピラ車受信回路のフローチャートであり、そのプログラムをプログラム3.2に示します。

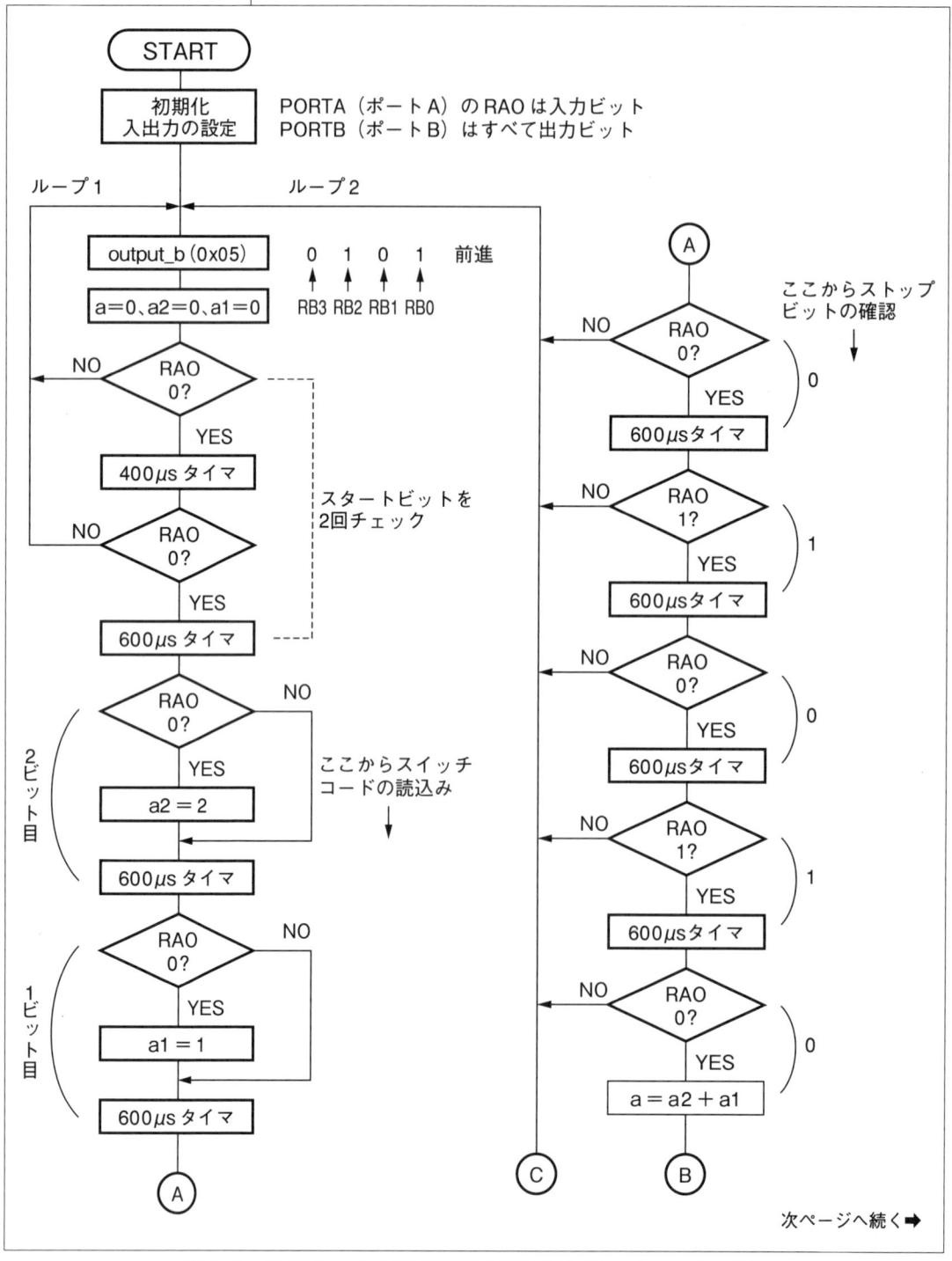

```
START
  ↓
初期化
入出力の設定    PORTA（ポートA）のRA0は入力ビット
               PORTB（ポートB）はすべて出力ビット
```

ループ1／ループ2

- output_b(0x05)
- a=0、a2=0、a1=0

0 1 0 1 前進
↑ ↑ ↑ ↑
RB3 RB2 RB1 RB0

RA0 0? → NO
YES
400μs タイマ
RA0 0? → NO
YES   スタートビットを2回チェック
600μs タイマ
RA0 0? → NO
YES   ここからスイッチコードの読込み
a2 = 2
600μs タイマ   （2ビット目）
RA0 0? → NO
YES
a1 = 1   （1ビット目）
600μs タイマ
↓ (A)

(A)
RA0 0? → NO   ここからストップビットの確認
YES 0
600μs タイマ
RA0 1? → NO
YES 1
600μs タイマ
RA0 0? → NO
YES 0
600μs タイマ
RA0 1? → NO
YES 1
600μs タイマ
RA0 0? → NO
YES 0
a = a2 + a1
↓
(C) (B)

次ページへ続く➡

図3.8　自走キャタピラ車受信回路のフローチャート（A）

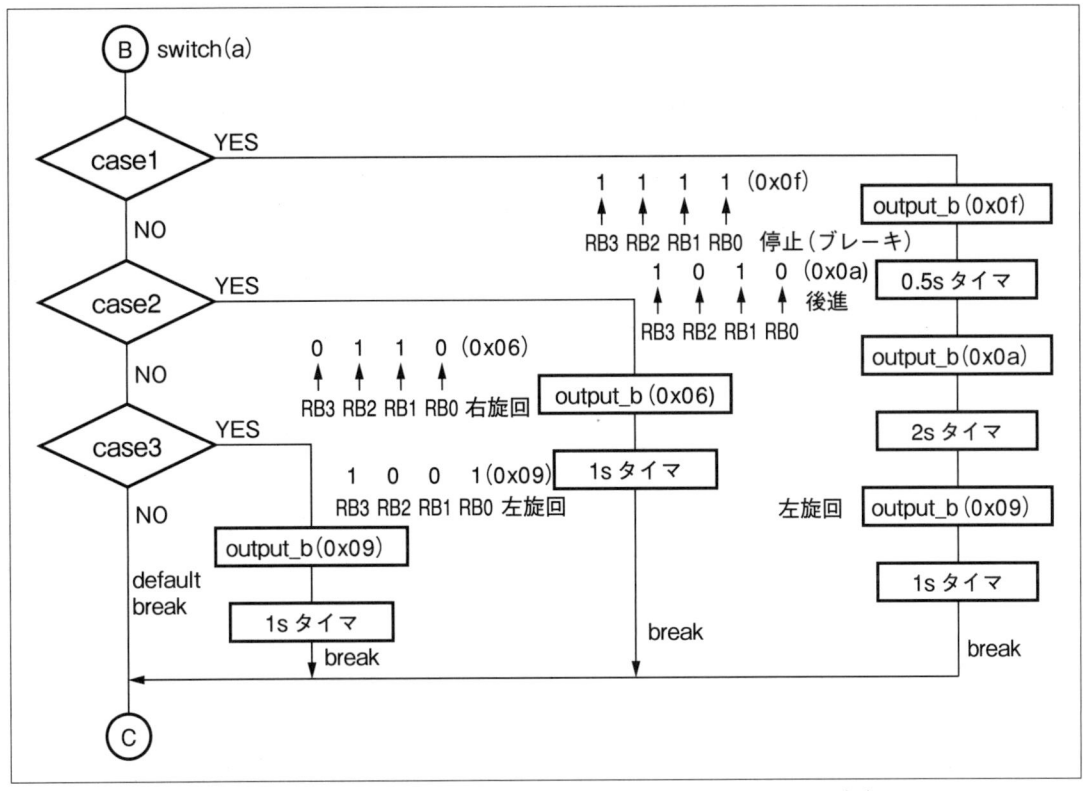

図 3.8 自走キャタピラ車受信回路のフローチャート（B）

■プログラム 3.2　自走キャタピラ車受信回路

```
#include <16f84a.h>
#fuses HS,NOWDT,PUT,NOPROTECT
#use delay(clock=10000000)
main()
{
    int a,a2,a1;           ……a、a2、a1 という int 型変数の定義
    set_tris_a(0x01);      ……PORTA の RA0 は入力ビットに設定
    set_tris_b(0);         ……PORTB はすべて出力ビットに設定
    while(1) ……ループ 1
    {
        while(1) ……ループ 2
        {
            output_b(0x05);   ……0　1　0　1 （0x05）前進
            a=0;a2=0;a1=0;    ……a、a2、a1 をクリア (0)
            if(input(PIN_A0)==0)  ……RA0 は "0"
                delay_us(400);    ……400μs タイマ
            else
                break;
            if(input(PIN_A0)==0)  ……RA0 は "0"
                delay_us(600);    ……600μs タイマ
            else
                break;
```

RA0 は "0" かどうか、スタートビットを 2 回チェックします
RA0 が "0" でなければ、break 文でループ 2 を脱出

次ページへ続く➡

```
        if(input(PIN_A0)==0)      ここからスイッチコードの読込み
            a2=2;                 2ビット目、RA0は"0"なら、a2に2を代入
            delay_us(600);
        if(input(PIN_A0)==0)      1ビット目、RA0は"0"なら、a1に1を代入
            a1=1;
            delay_us(600);
        if(input(PIN_A0)==0)      ここからストップビットの確認
            delay_us(600);        RA0は"0"なら、600μsタイマ
        else
            break;
        if(input(PIN_A0)==1)      RA0は"1"なら、600μsタイマ
            delay_us(600);
        else
            break;
        if(input(PIN_A0)==0)      RA0は"0"なら、600μsタイマ
            delay_us(600);
        else
            break;
        if(input(PIN_A0)==1)      RA0は"1"なら、600μsタイマ
            delay_us(600);
        else
            break;
        if(input(PIN_A0)==0)      RA0は"0"なら、aにa2+a1の値を代入
            a=a2+a1;
        else
            break;
        switch(a)       switch～case文、aは式を表します
        {
            case 1:     式a＝1のとき、次に続く実行単位を実行します
                output_b(0x0f);       1 1 1 1(0x0f)、停止(ブレーキ)
                delay_ms(500);   0.5sタイマ  RB3 RB2 RB1 RB0
                output_b(0x0a);       1 0 1 0(0x0a)、後進
                delay_ms(2000);  2sタイマ    RB3 RB2 RB1 RB0
                output_b(0x09);       1 0 0 1(0x09)、左旋回
                delay_ms(1000);  1sタイマ    RB3 RB2 RB1 RB0
                break;
            case 2:     式a＝2
                output_b(0x06);       0 1 1 0(0x06)、右旋回
                delay_ms(1000);  1sタイマ    RB3 RB2 RB1 RB0
                break;
            case 3:     式a＝3
                output_b(0x09);       1 0 0 1(0x09)、左旋回
                delay_ms(1000);  1sタイマ    RB3 RB2 RB1 RB0
                break;
            default:              式がどれにもあてはまらないとき、
                break;            switchブロックから抜け出します
        }
    }
  }
}
```

3-7 赤外線リモコン送信機による自走キャタピラ車の制御

3-1節で取り上げた自走キャタピラ車は、前方と左右にある障害物を避けながら自走するキャタピラ車です。この自走キャタピラ車は、一つの基板に二つのPIC16F84Aを搭載し、赤外線リモコン送信回路と受信回路を構成しています。

本節の赤外線リモコンによる自走キャタピラ車は、自走キャタピラ車の回路をそのまま利用し、タミヤの2チャンネル・リモコンボックスを改造した赤外線リモコン送信機を使用します。すると、キャタピラ車は自走すると同時に、赤外線リモコン送信機のスティックの操作によって、自走キャタピラ車を自在に制御することができます。

1 送信データの構成

図3.9は、赤外線リモコン送信機からの送信データであり、図3.10にアクティブロウになった受信データを示します。

スタートビット（固定）	スイッチコード（可変）				動作	ストップビット（固定）	送信停止時間
1	0	1	0	0	……一時停止（↑↑）	1 0 1 0 1	10ms
	0	1	0	1	……右旋回（↑↓）		
	0	1	1	0	……左旋回（↓↑）		
	0	1	1	1	……右折（↑−）		
	1	0	0	0	……左折（−↑）		
	1	0	0	1	……後進（↓↓）		
	1	0	1	0	……後進の右折（↓−）		
	1	0	1	1	……後進の左折（−↓）		

1ビットは600μs、全体で10ビット。スティックの操作。

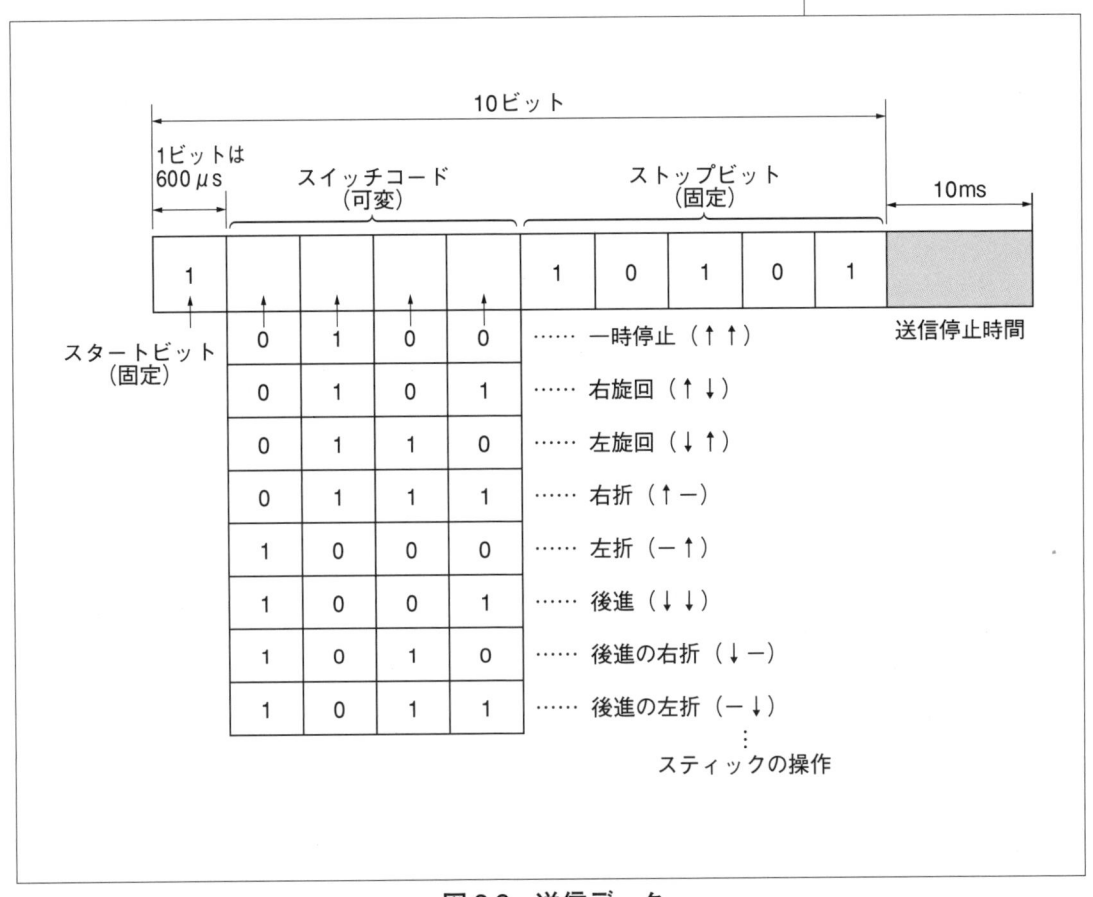

図3.9 送信データ

第3章 自走キャタピラ車

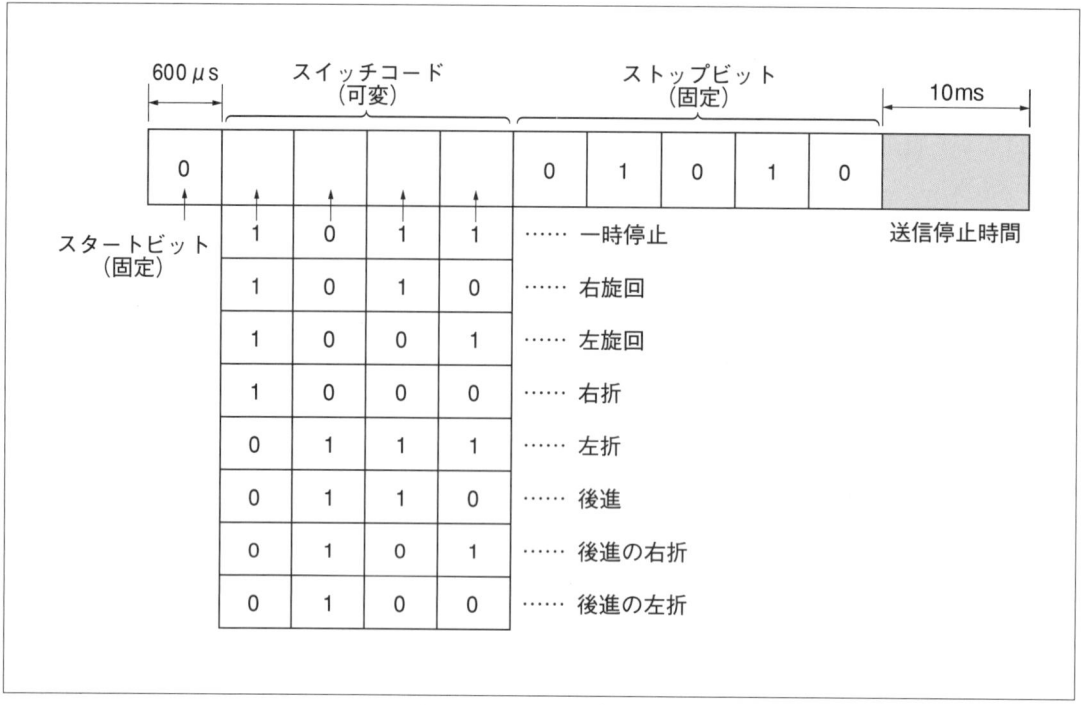

600μs	スイッチコード(可変)				ストップビット(固定)				10ms
0					0	1	0	1	0
スタートビット(固定)	1	0	1	1	…… 一時停止				送信停止時間
	1	0	1	0	…… 右旋回				
	1	0	0	1	…… 左旋回				
	1	0	0	0	…… 右折				
	0	1	1	1	…… 左折				
	0	1	1	0	…… 後進				
	0	1	0	1	…… 後進の右折				
	0	1	0	0	…… 後進の左折				

図 3.10　受信データ

2 赤外線リモコン送信回路

　図 3.11 は、2 チャンネル・リモコンボックスを改造した赤外線リモコン送信機の外観です。送信機の内部に、角形乾電池 006P（9V）と送信回路基板を固定せずに収めます。角形乾電池がうまく収まるように、リモコンボックスの中の突起物をニッパで切り取ります。

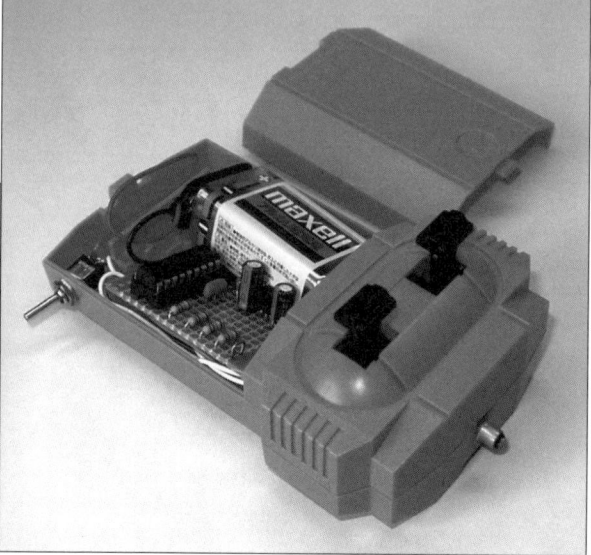

図 3.11　赤外線リモコン送信機

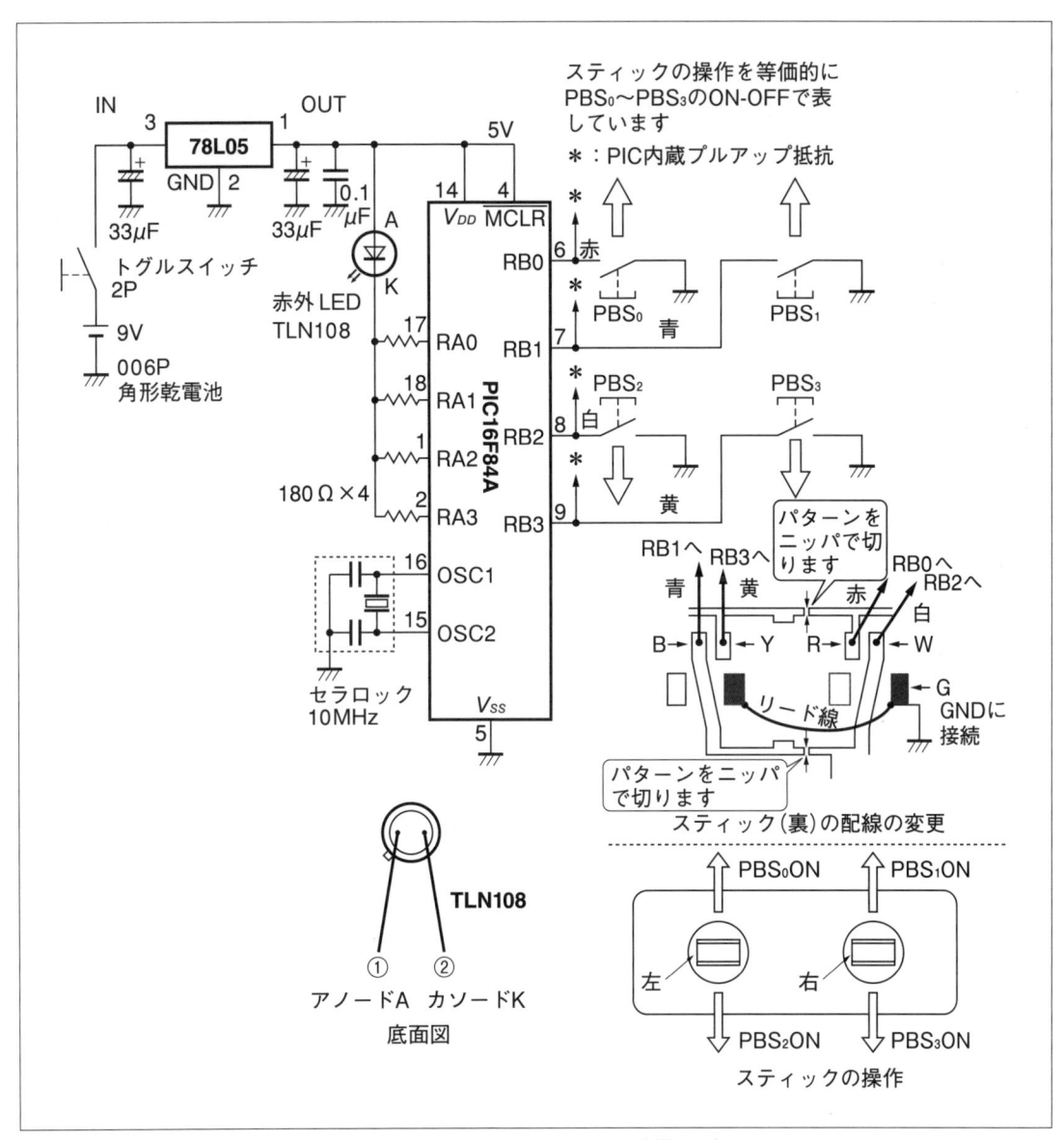

図3.12 赤外線リモコン送信回路

　図3.12は、赤外線リモコン送信回路です。タミヤの2チャンネル・リモコンボックスに付属するスティックの裏の配線を図のように変更し、スティックの操作を等価的に、押しボタンスイッチPBS$_0$～PBS$_3$のON-OFFで表しています。

　送信回路は、プログラムにより、赤外LEDを38kHzのキャリア周波数で点滅させますが、PIC16F84Aの1ピンごとの最大シンク電流は25mAですので、赤外LEDの順電流を四つの180Ωの抵抗で、ピンRA0～RA3に分流させています。RA0～RA3を"L"にすると、赤外LEDには順電流が流れ、"H"にすると電流は0になります。

第3章 自走キャタピラ車

3 送信回路基板の製作

表3.2 赤外線リモコン送信機の部品リスト

部品	型番	規格等		個数	備考	単価(円)
PIC	PIC16F84A			1	マイクロチップテクノロジー	300
ICソケット		18P		1	PIC用	20
赤外LED	TLN108	λp=940nm		1	東芝 同等品代用可	240
セラロック	CSTLG-G	10MHz	3本足	1	村田製作所	40
三端子レギュレータ	78L05			1		50
電解コンデンサ		33μF	16V	2		25
積層セラミックコンデンサ		0.1μF	50V	1		10
抵抗		180Ω	1/4W	4		5
トグルスイッチ	MS243	2P		1	ミヤマ	160
基板		47×28mm		1	ユニバーサル基板を加工	90
電池プラグケーブル				1	電池スナップ	40
アルカリ乾電池	006P（9V）			1	マンガン乾電池代用可	350
2チャンネル・リモコンボックス				1	タミヤ	600
その他		リード線、すずめっき線など				

表3.2は、赤外線リモコン送信機の部品リストです。

図3.13は、赤外線リモコン送信回路基板です。

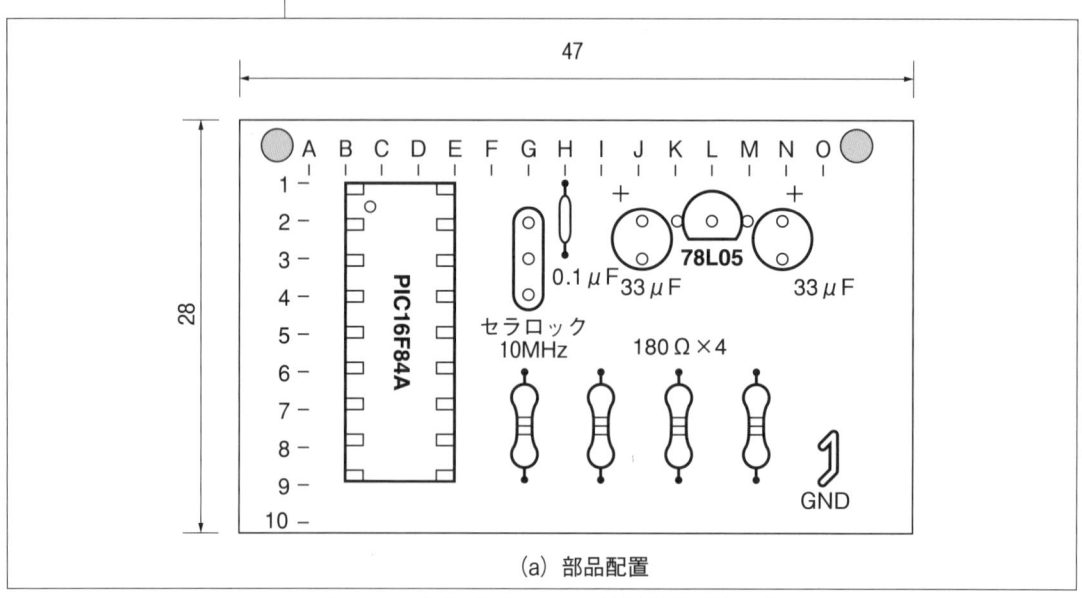

(a) 部品配置

図3.13 赤外線リモコン送信回路基板(a)

自走インセクト

タミヤのロボクラフトシリーズにリモコン・インセクトがあります。このインセクトには付属のスティックがあり、これを改造して赤外線リモコン送信機にします。インセクト本体とリモコン送信機を利用し、本章の自走キャタピラ車と同じような動きをする自走インセクトを作ることができます。

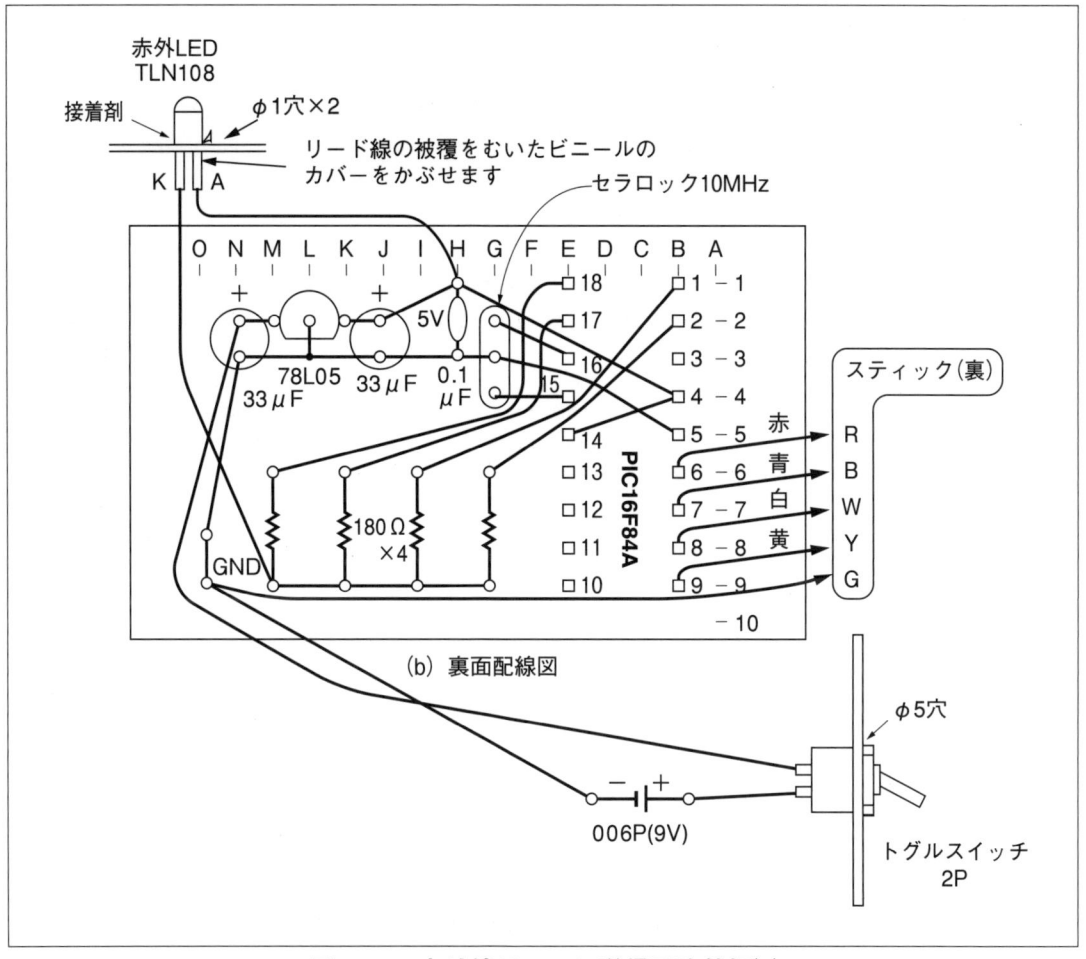

図 3.13　赤外線リモコン送信回路基板(b)

4 プログラム

　自走キャタピラ車搭載の送信回路のプログラムは、プログラム 3.1 において、スイッチコードのみを一部変更します。プログラム 3.1 の＊印 網かけ のように変更します。

　送信機による赤外線リモコン送信回路のプログラムは、プログラム 3.3 を使用します。また、受信回路のプログラムは、プログラム 3.2 ではなく、プログラム 3.4 になります。

■プログラム 3.3　赤外線リモコン送信回路

```
#include <16f84a.h>
#fuses HS,NOWDT,PUT,NOPROTECT
#use delay(clock=10000000)
void p1();  ……関数 p1 は戻り値なしというプロトタイプ宣言
void p0();  ……関数 p0 は戻り値なしというプロトタイプ宣言
main()
{
```

次ページへ続く ➡

第3章　自走キャタピラ車

```
int a;  ……aというint型変数の定義
set_tris_a(0);  ……PORTAはすべて出力ビットに設定
set_tris_b(0x0f);  ……PORTBのRB3～RB0は入力ビットに設定
port_b_pullups(true);  ……PORTBの内蔵プルアップ抵抗を接続します
while(1)  ……ループ1
{
    a=4;  ……aに4を代入
    switch(a)  ……switch～case文、aは式を表します
    {
        case 4:  ……式a＝4のとき、次に続く実行単位を実行します
            if(input(PIN_B0)==0 && input(PIN_B1)==0)  ……RB0は"0"かつRB1は
            {                                            "0"、すなわち、PBS₀ONかつ
                p1();  ……スタートビット                  PBS₁ONなら、次へ行きます
                p0();p1();p0();p0();  ……スイッチコード（一時停止）
                p1();p0();p1();p0();p1();  ……ストップビット
                delay_ms(10);  ……10msの送信停止時間
                a=5;  ……aに5を代入
                break;  ……switchブロックから抜け出します
            }
        case 5:  ……式a＝5
            if(input(PIN_B0)==0 && input(PIN_B3)==0)  ……RB0は"0"かつRB3は
            {                                            "0"、すなわちPBS₀ONかつ
                p1();                                    PBS₃ONなら、次へ行きます
                p0();p1();p0();p1();  ……スイッチコード（右旋回）
                p1();p0();p1();p0();p1();
                delay_ms(10);
                a=6;  ……aに6を代入
                break;
            }
        case 6:  ……式a＝6
            if(input(PIN_B1)==0 && input(PIN_B2)==0)  ……RB1は"0"かつRB2は
            {                                            "0"、すなわちPBS₁ONかつ
                p1();                                    PBS₂ONなら、次へ行きます
                p0();p1();p1();p0();  ……スイッチコード（左旋回）
                p1();p0();p1();p0();p1();
                delay_ms(10);
                a=7;  ……aに7を代入
                break;
            }
        case 7:  ……式a＝7
            if(input(PIN_B0)==0)  ……RB0は"0"、すなわちPBS₀ONなら、次へ行きます
            {
                p1();
                p0();p1();p1();p1();  ……スイッチコード（右折）
                p1();p0();p1();p0();p1();
                delay_ms(10);
                a=8;  ……aに8を代入
                break;
            }
        case 8:  ……式a＝8
            if(input(PIN_B1)==0)  ……RB1は"0"、すなわちPBS₁ONなら、次へ行きます
            {
                p1();
```

次ページへ続く➡

```
                    p1();p0();p0();p0();  ……スイッチコード（左折）
                    p1();p0();p1();p0();p1();
                    delay_ms(10);
                    a=9;  ……a に 9 を代入
                    break;
                }
            case 9:  ……式 a＝9
                if(input(PIN_B2)==0 && input(PIN_B3)==0)  ……RB2 は"0"かつ RB3 は
                {                                              "0"、すなわち PBS₂ON かつ
                    p1();                                      PBS₃ON なら、次へ行きます
                    p1();p0();p0();p1();  ……スイッチコード（後進）
                    p1();p0();p1();p0();p1();
                    delay_ms(10);
                    a=10;  ……a に 10 を代入
                    break;
                }
            case 10:  ……式 a＝10
                if(input(PIN_B2)==0)  ……RB2 は"0"、すなわち PBS₂ON なら、次へ行きます
                {
                    p1();
                    p1();p0();p1();p0();  ……スイッチコード（後進の右折）
                    p1();p0();p1();p0();p1();
                    delay_ms(10);
                    a=11;  ……a に 11 を代入
                    break;
                }
            case 11:  ……式 a＝11
                if(input(PIN_B3)==0)  ……RB3 は"0"、すなわち PBS₃ON なら、次へ行きます
                {
                    p1();
                    p1();p0();p1();p1();  ……スイッチコード（後進の左折）
                    p1();p0();p1();p0();p1();
                    delay_ms(10);
                    a=4;  ……a に 4 を代入
                    break;
                }
            default:  ……押しボタンスイッチの ON-OFF 操作がなければ、
                break;  …… switch ブロックを抜け出します
        }
    }
}
void p1()  ……関数 p1 の本体
{
    int c;  ……c という int 型変数の定義
    c=22;  ……c に 22 を代入
    while(1)  ……ループ 2
    {
        output_a(0);  ……PORTA をクリア(0)、赤外 LED ON
        delay_us(11);  ……11μs タイマ
        output_a(0x0f);  ……PORTA の RA3～RA1 は"1"、赤外 LED OFF
        delay_us(11);  ……11μs タイマ
        c=c-1;  ……c のデクリメント（－1）
```

次ページへ続く➡

第3章 自走キャタピラ車

```
            if(c==0)      ……c==0 になるとループ 2 を脱出
                break;
        }
}
void p0()    ……関数 p0 の本体
{
    output_a(0x0f);    ……PORTA の RA3～ RA0 は "1"、赤外 LED OFF
    delay_us(600);     ……600μs タイマ
}
```

■**プログラム 3.4　赤外線リモコン受信回路**

```
#include <16f84a.h>
#fuses HS,NOWDT,PUT,NOPROTECT
#use delay(clock=10000000)
main()
{
    int a,a4,a3,a2,a1;    ……a、a4、a3、a2、a1 という int 型変数の定義
    set_tris_a(0x01);     ……PORTA の RA0 は入力ビットに設定
    set_tris_b(0);        ……PORTB はすべて出力ビットに設定
    while(1)    ……ループ 1
    {
        while(1)    ……ループ 2
        {                              RB3 RB2 RB1 RB0
                                        ↓   ↓   ↓   ↓
            output_b(0x05);    ……  0   1   0   1(0x05) 前進
            a=0;a4=0;a3=0;a2=0;a1=0;    ……a、a4、a3、a2、a1 をクリア(0)
            if(input(PIN_A0)==0)    ……RA0 は "0"
                delay_us(400);      ……400μs タイマ
            else                                      RA0 は "0" かどうか、スタート
                break;                                ビットを 2 回チェックします
            if(input(PIN_A0)==0)    ……RA0 は "0"     RA0 が "0" でなければ、break 文
                delay_us(600);      ……600μs タイマ   でループ 2 を脱出
            else
                break;
            if(input(PIN_A0)=0)     ……ここからスイッチコードの読込み
                a4=8;                   4 ビット目、RA0 は "0" なら、a4 に 8 を代入
                delay_us(600);
            if(input(PIN_A0)==0)    ……3 ビット目、RA0 は "0" なら、a3 に 4 を代入
                a3=4;
                delay_us(600);
            if(input(PIN_A0)==0)    ……2 ビット目、RA0 は "0" なら、a2 に 2 を代入
                a2=2;
                delay_us(600);
            if(input(PIN_A0)==0)    ……1 ビット目、RA0 は "0" なら、a1 に 1 を代入
                a1=1;
                delay_us(600);
            if(input(PIN_A0)==0)    ……ここからストップビットの確認
                delay_us(600);      ……  RA0 は "0" なら、600μs タイマ
            else
                break;
            if(input(PIN_A0)==1)    ……RA0 は "1" なら、600μs タイマ
                delay_us(600);
```

次ページへ続く ➡

```
        else
            break;
    if(input(PIN_A0)==0)      RA0は"0"なら、600μsタイマ
        delay_us(600);
    else
        break;
    if(input(PIN_A0)==1)      RA0は"1"なら、600μsタイマ
        delay_us(600);
    else
        break;
    if(input(PIN_A0)==0)      RA0は"0"なら、aにa4＋a3＋a2＋a1の値を代入
        a=a4+a3+a2+a1;
    else
        break;
    switch(a)      switch～case文、aは式を表します
    {
        case 1:      式a＝1のとき、次に続く実行単位を実行します
            output_b(0x0f);      停止（ブレーキ）
            delay_ms(500);       0.5sタイマ
            output_b(0x0a);      後進
            delay_ms(2000);      2sタイマ
            output_b(0x09);      左旋回
            delay_ms(1000);      1sタイマ
            break;
        case 2:      式a＝2
            output_b(0x06);      右旋回
            delay_ms(1000);
            break;
        case 3:      式a＝3
            output_b(0x09);      左旋回
            delay_ms(1000);
            break;
        case 4:      式a＝4
            output_b(0x0f);      一時停止
            delay_ms(100);
            break;
        case 5:      式a＝5
            output_b(0x06);      右旋回
            delay_ms(100);
            break;
        case 6:      式a＝6
            output_b(0x09);      左旋回
            delay_ms(100);
            break;
        case 7:      式a＝7
            output_b(0x04);      右折
            delay_ms(100);
            break;
        case 8:      式a＝8
            output_b(0x01);      左折
            delay_ms(100);
            break;
        case 9:      式a＝9
```

次ページへ続く➡

```
                    output_b(0x0a);  ……後進
                    delay_ms(100);
                    break;
                case 10:  ……式a＝10
                    output_b(0x08);  ……後進の右折
                    delay_ms(100);
                    break;
                case 11:  ……式a＝11
                    output_b(0x02);  ……後進の左折
                    delay_ms(100);
                    break;
                default:  ……式がどれにもあてはまらないとき、switchブロックから抜け出します
                    break;
            }
        }
    }
}
```

第4章 自走三輪車

この章は、自走キャタピラ車の回路を搭載した自走三輪車を作ります。自走三輪車は、自走キャタピラ車とはギヤー比が異なり、また、車輪の利用のため、自走キャタピラ車の動きよりすばやい動きを見せてくれます。

4-1 自走三輪車の概要

図 4.1 は、赤外線リモコンを利用した自走三輪車です。自走三輪車本体は、タミヤのユニバーサルプレートセット、スポーツタイヤセット、ツインモータギヤーボックス（A タイプ標準ギヤー比 58:1）、そして、小形プラスチックキャスタ（25mm 径）より構成しています。

この自走三輪車は、自走キャタピラ車の回路を搭載し、自走キャタピラ車と同様に、前方や左右にある壁などの障害物を避けながら自走します。自走キャタピラ車との大きな違いは、高速運転ができることです。

図 4.1　自走三輪車

第4章 自走三輪車

表4.1は、自走三輪車の部品リストです。

表4.1 自走三輪車の部品リスト

部品	型番	規格等		個数	備考	単価(円)
PIC	PIC16F84A			2	マイクロチップテクノロジー	300
ICソケット		18P		2	PIC用	20
DCモータドライブIC	TA7267BP			2	東芝	200
赤外LED	TLN108	$\lambda p=940nm$		3	東芝 同等品代用可	240
赤外線リモコン受信モジュール	PL-IRM0208-A538	$f=38kHz$ $\lambda p=940nm$		1	PARA LIGHT 同等品代用可	100
三端子レギュレータ	78L05			1		50
セラロック	CSTLS-G	10MHz 3本足		2	村田製作所	40
抵抗		180Ω	1/4W	3		5
セラミックコンデンサ		0.01μF	50V	2		10
積層セラミックコンデンサ		0.1μF	50V	1		10
電解コンデンサ		33μF	16V	2		25
トグルスイッチ	MS245	6P		1	ミヤマ	210
ユニバーサル基板	ICB-88			1	サンハヤト	90
単三形乾電池		単三形アルカリ		3	単三形ニッケル水素電池代用可	40
アルカリ乾電池	006P（9V）			1	マンガン乾電池代用可	350
単三形電池ボックス		平3本形		1		140
006P電池ボックス				1		120
電池プラグケーブル				2	電池スナップ	40
ビス・ナット		3×25mm		各4		10、5
		2×8mm		各2		5、4
ナット		3mm		8		5
ユニバーサルプレート		付属品として3×8mm ビス・ナット10組あり		1	タミヤ	300
スポーツタイヤセット		56mm径		1	タミヤ	450
ツインモータギヤーボックス				1	タミヤ	700
小形プラスチックキャスタ		25mm径		1		120
その他		リード線、すずめっき線など				

4-2 自走キャタピラ車からの変更個所

　自走三輪車は、自走キャタピラ車の回路と回路基板、およびプログラムを利用しますが、次のような変更個所があります。

① ツインモータギヤーボックスは、Aタイプ標準ギヤー比（58:1）にします。

② 三つの赤外LEDに接続している抵抗は、すべて180Ωにします。

③ 小形プラスチックキャスタ（25mm径）とタミヤのスポーツタイヤセット（56mm径）を使用します。

④ 自走キャタピラ車受信回路のプログラム3.2において、次のように一部変更します。なお、プログラム3.1はそのまま利用します。

■プログラム3.2の一部変更

```
while(1)……ループ2
{
    output_b(0x05);  → output_b(0x0a);
        ⋮
    switch(a)
    {
        case 1:
         ⋮
            output_b(0x0a);  → output_b(0x05);
            delay_ms(2000);  → delay_ms(700);
            output_b(0x09);  → output_b(0x06);
            delay_ms(1000);  → delay_ms(300);
        case 2:
            output_b(0x06);  → output_b(0x09);
            delay_ms(1000);  → delay_ms(300);
        case 3:
            output_b(0x09);  → output_b(0x06);
            delay_ms(1000);  → delay_ms(300);
```

■ 変更個所

4-3 自走三輪車の部品配置

図 4.2 は、自走三輪車の部品配置です。

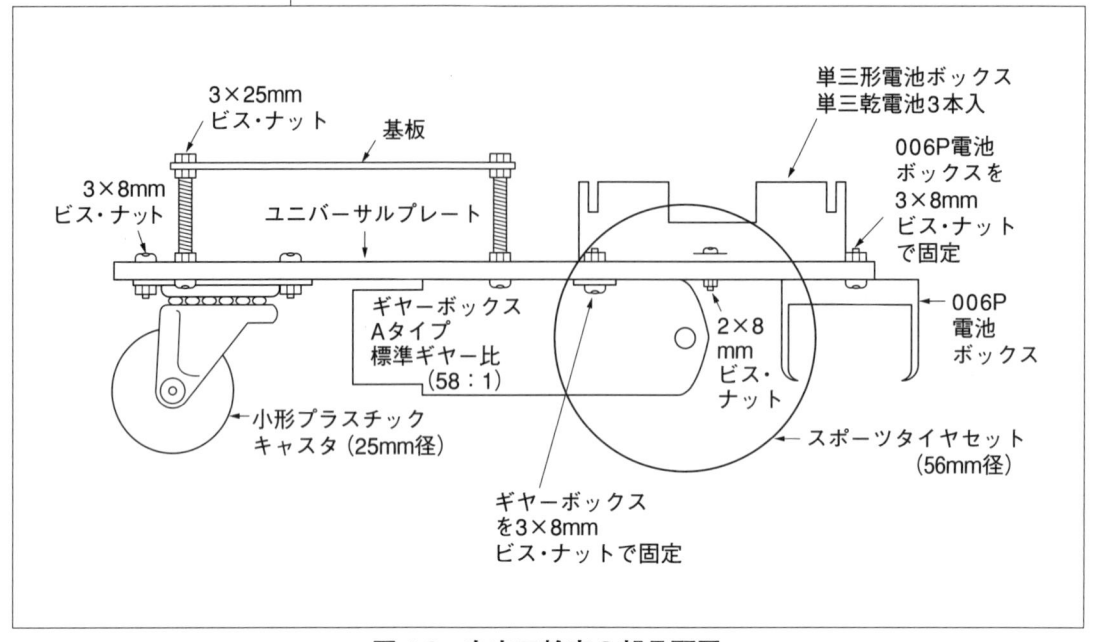

図 4.2 自走三輪車の部品配置

第5章 赤外線リモコン・ショベルドーザ

タミヤのショベルドーザは、有線のリモートコントロールで、車体の前進・後進や左右旋回、またショベルの上昇・下降の操縦ができます。このため、走行用DCモータ2個、ショベルの昇降用DCモータ1個と各ギヤーボックスが付いています。

本章のショベルドーザは、車体に赤外線リモコン受信回路を搭載し、付属のスティックを改造した赤外線リモコン送信機によって操縦します。また、ショベルの前と左右に設置したマイクロスイッチの働きによって、前と左右の障害物を避けることができます。

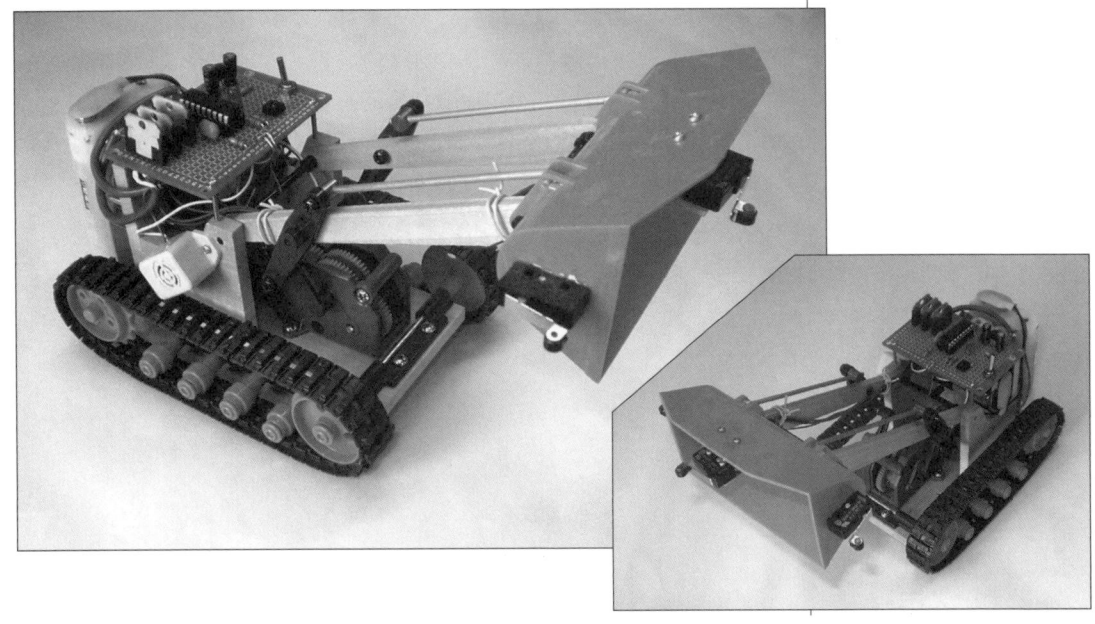

5-1 ショベルドーザの概要

図5.1は、タミヤの3チャンネルリモコン・ショベルドーザに、PIC16F84Aと赤外線リモコン受信モジュールを搭載した改造ショベルドーザです。また、リモコン・ショベルドーザに付属するスティックを改造した赤外線リモコン送信機の外観を、図5.2に示します。

このショベルドーザは赤外線通信を利用し、赤外線リモコン送信機のスティックの操作によって、次のような動作ができます。

図5.1　ショベルドーザ

第5章 赤外線リモコン・ショベルドーザ

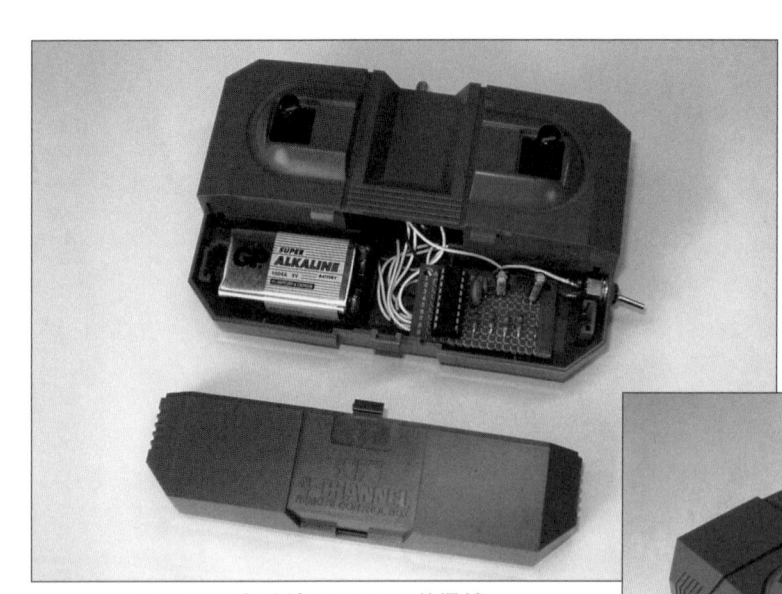

図 5.2　赤外線リモコン送信機

　前進、左旋回、右旋回、前進でショベル上昇、前進でショベル下降、後進、後進でショベル上昇、後進でショベル下降、前進でブザー ON-OFF、後進でブザー ON-OFF、左折、右折、後進の左折、後進の右折、ショベル上昇、ショベル下降、ブザー ON-OFF の 17 動作です。

　また、ショベルの前と左右にマイクロスイッチを設置し、ショベルドーザが前進中に障害物にぶつかると、前のマイクロスイッチが ON になり、1 秒間後進し、0.5 秒間左旋回をします。壁などによって左のマイクロスイッチが ON になると、0.5 秒間右旋回をし、右のマイクロスイッチが ON になると、0.5 秒間左旋回をします。

　このように、リモコン操作ができると同時に障害物を避ける機能ももっています。

5-2 送受信データの構成

図5.3は送信データであり、図5.4にアクティブロウになった受信データを示します。

スタートビット(固定)	スイッチコード(可変)					ストップビット(固定)					送信停止時間
1						1	0	1	0	1	
	0	0	0	0	1	……前進（↑↑）					
	0	0	0	1	0	……左旋回（↓↑）					
	0	0	0	1	1	……右旋回（↑↓）					
	0	0	1	0	0	……前進でショベル上昇（↑→）					
	0	0	1	0	1	……前進でショベル下降（↑←）					
	0	0	1	1	0	……後進（↓↓）					
	0	0	1	1	1	……後進でショベル上昇（↓→）					
	0	1	0	0	0	……後進でショベル下降（↓←）					
	0	1	0	0	1	……前進でブザーON-OFF（→↑）					
	0	1	0	1	0	……後進でブザーON-OFF（→↓）					
	0	1	0	1	1	……左折（−↑）					
	0	1	1	0	0	……右折（↑−）					
	0	1	1	0	1	……後進の左折（−↓）					
	0	1	1	1	0	……後進の右折（↓−）					
	0	1	1	1	1	……ショベル上昇（−→）					
	1	0	0	0	0	……ショベル下降（−←）					
	1	0	0	0	1	……ブザーON-OFF（→−）					

11ビット、1ビットは600μs、20ms、スティックの操作

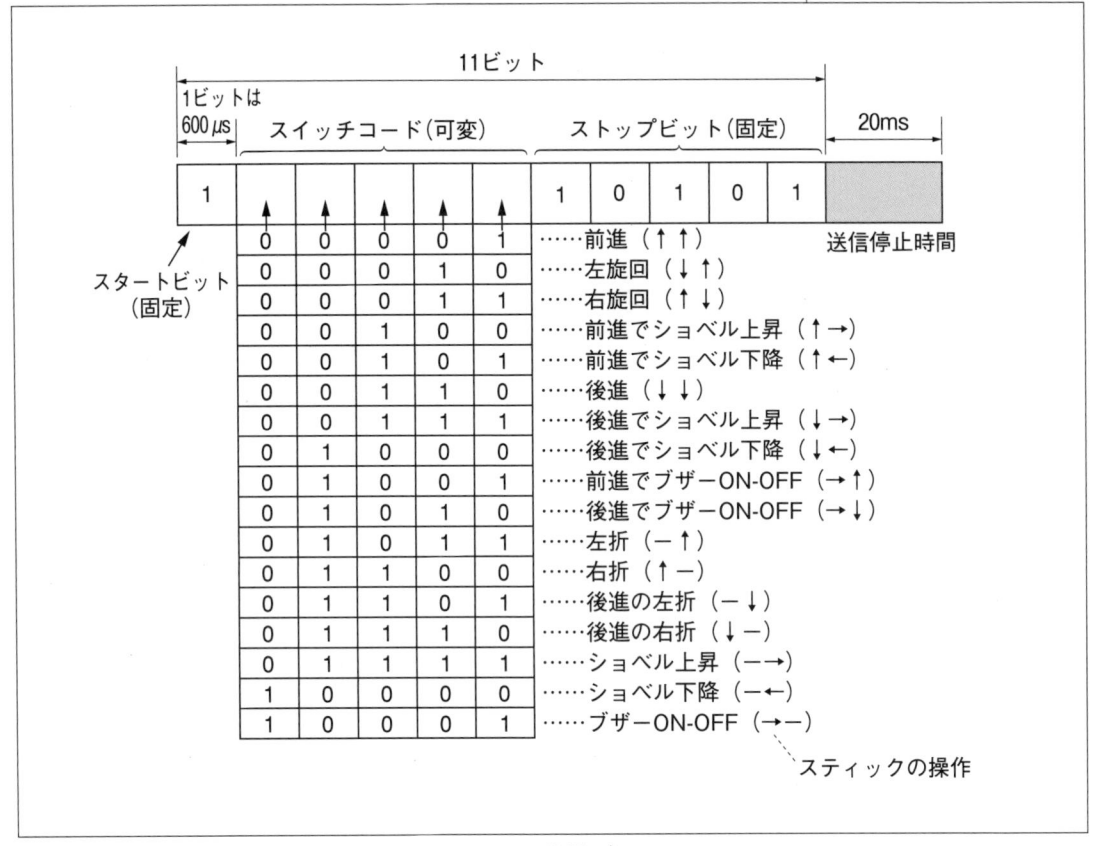

図5.3 送信データ

図5.3において、1回の送信データは11ビットで構成します。1ビットの送信時間は600μsで、11ビットの送信データを1回送信した後に、受信機側の誤作動を防ぐため、20msの送信停止時間を入れています。このため、1回の送信時間は600μs×11+20ms＝26.6msになります。

まずスタートビットの"1"を送信し、次の5ビットのスイッチコードで、ショベルドーザの前進、左旋回、右旋回、前進でショベル上昇などの動作を決めます。図5.3に示す17とおりの動作がスイッチコードで決定します。そして、ノイズの影響による誤作動を防ぐために、5ビットのストップビット（10101）を追加します。

第5章 赤外線リモコン・ショベルドーザ

スタートビット(固定)	600μs	スイッチコード(可変)					ストップビット(固定)					20ms 送信停止時間	
	0	1	1	1	1	0	0	1	0	1	0		……前進
		1	1	1	0	1							……左旋回
		1	1	1	0	0							……右旋回
		1	1	0	1	1							……前進でショベル上昇
		1	1	0	1	0							……前進でショベル下降
		1	1	0	0	1							……後進
		1	1	0	0	0							……後進でショベル上昇
		1	0	1	1	1							……後進でショベル下降
		1	0	1	1	0							……前進でブザーON-OFF
		1	0	1	0	1							……後進でブザーON-OFF
		1	0	1	0	0							……左折
		1	0	0	1	1							……右折
		1	0	0	1	0							……後進の左折
		1	0	0	0	1							……後進の右折
		1	0	0	0	0							……ショベル上昇
		0	1	1	1	1							……ショベル下降
		0	1	1	1	0							……ブザーON-OFF

図 5.4　受信データ

　図 5.4 に示すように、受信機側では送信データがアクティブロウになるため、受信データとして、まず"0"のスタートビットを2回チェックします。続いて、5ビットのスイッチコードを、5ビット目、4ビット目、3ビット目、2ビット目、1ビット目の順に"0"か否かをチェックし、その結果をスイッチデータとして保存します。その後、ストップビットが"01010"と一致しているかどうかを判定します。この段階で、ストップビットが一致しない場合には、スイッチデータをクリア（0）し、再びスタートビットのチェックに戻ります。

　ストップビットが"01010"と一致すれば、送信データが正しく受信データとして受信されたことになり、保存されたスイッチデータの値に応じて17とおりのケースに分岐します。そして、前進データ、左旋回データ、右旋回データ、前進でショベル上昇データ、……として17個のデータをPICのPORTBに出力します。

　PICのPORTBには三つのDCモータドライブICがあり、ショベルドーザは、図5.4に示すように、前進、左旋回、右旋回、前進ショベル上昇など、17とおりの動作と停止が自由にできます。

5-3 赤外線リモコン送信回路

図5.5は、ショベルドーザの赤外線リモコン送信回路です。スティックの操作を、等価的に押しボタンスイッチ PBS_0〜PBS_6 のON-OFFで表しています。タミヤの3チャンネルリモコン・ショベルドーザに付属しているスティック基板の配線を、図5.6のように改造します。

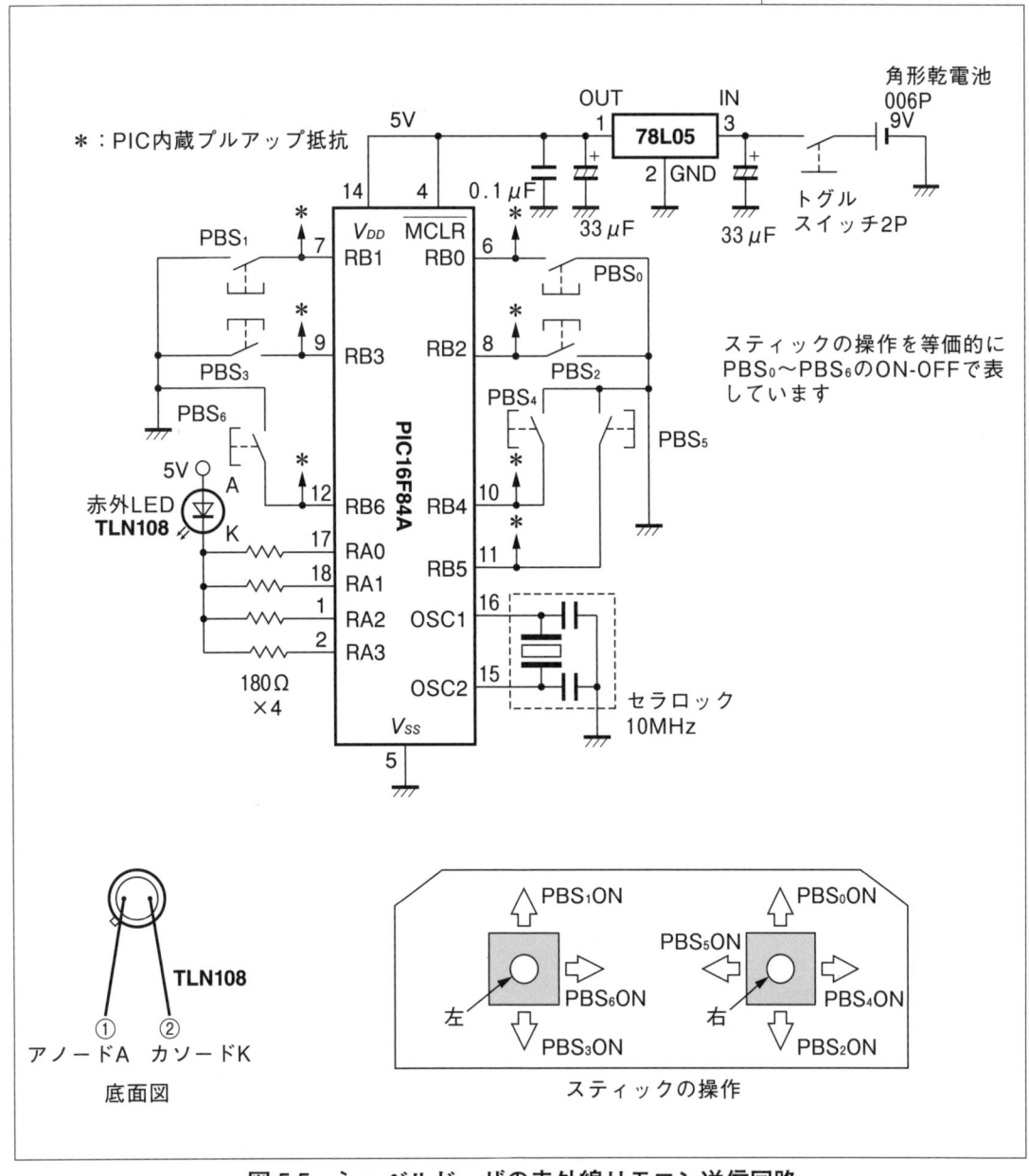

図5.5 ショベルドーザの赤外線リモコン送信回路

第5章 赤外線リモコン・ショベルドーザ

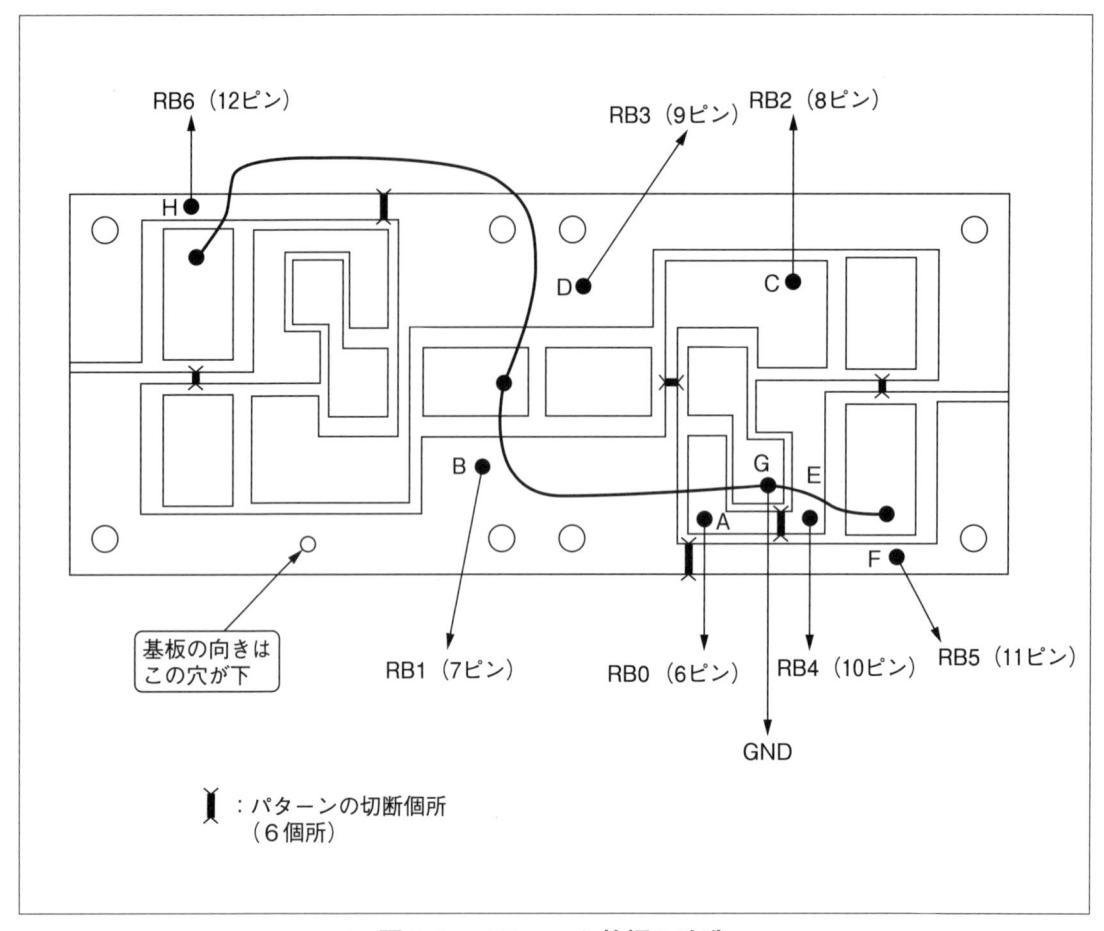

図 5.6 スティック基板の改造

5-4 送信回路基板の製作

表 5.1 は、赤外線リモコン送信回路の部品リストです。

表 5.1 赤外線リモコン送信回路の部品リスト

部品	型番	規格等		個数	備考	単価（円）
PIC	PIC16F84A			1	マイクロチップテクノロジー	300
IC ソケット		18P		1	PIC 用	20
赤外 LED	TLN108	λp=940nm		1	東芝 同等品代用可	240
三端子レギュレータ	78L05			1		50
セラロック	CSTLS-G	10MHz 3本足		1	村田製作所	40
抵抗		180Ω	1/4W	4		5
積層セラミックコンデンサ		0.1μF	50V	1		10
電解コンデンサ		33μF	16V	2		25
基板		47×28mm		1	ユニバーサル基板を加工	90
トグルスイッチ	MS243	2P		1	ミヤマ	160
電池プラグケーブル				1	電池スナップ	40
スティック				1	タミヤ付属品	
アルカリ乾電池	006P（9V）			1	マンガン乾電池代用可	350
その他		リード線、すずめっき線など				

第5章 赤外線リモコン・ショベルドーザ

図5.7は、ショベルドーザの赤外線リモコン送信回路基板です。

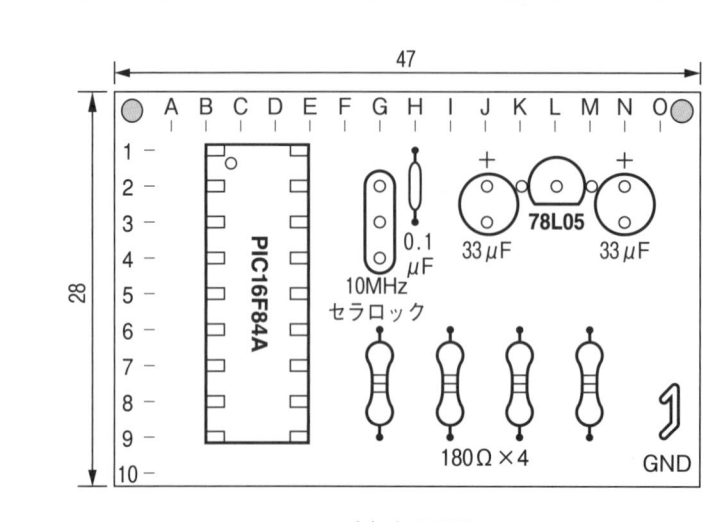

(a) 部品配置

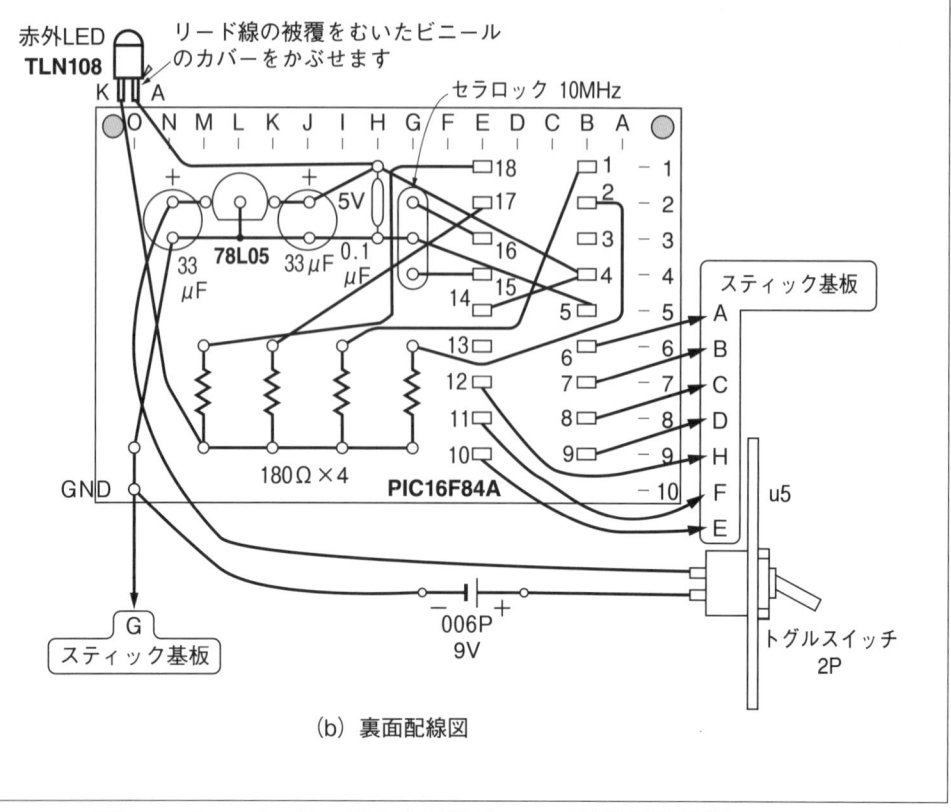

(b) 裏面配線図

図5.7 ショベルドーザの赤外線リモコン送信回路基板

5-5 送信機の穴あけ加工と部品の固定

図 5.8 に、赤外線リモコン送信機の穴あけ加工と部品の固定を示します。

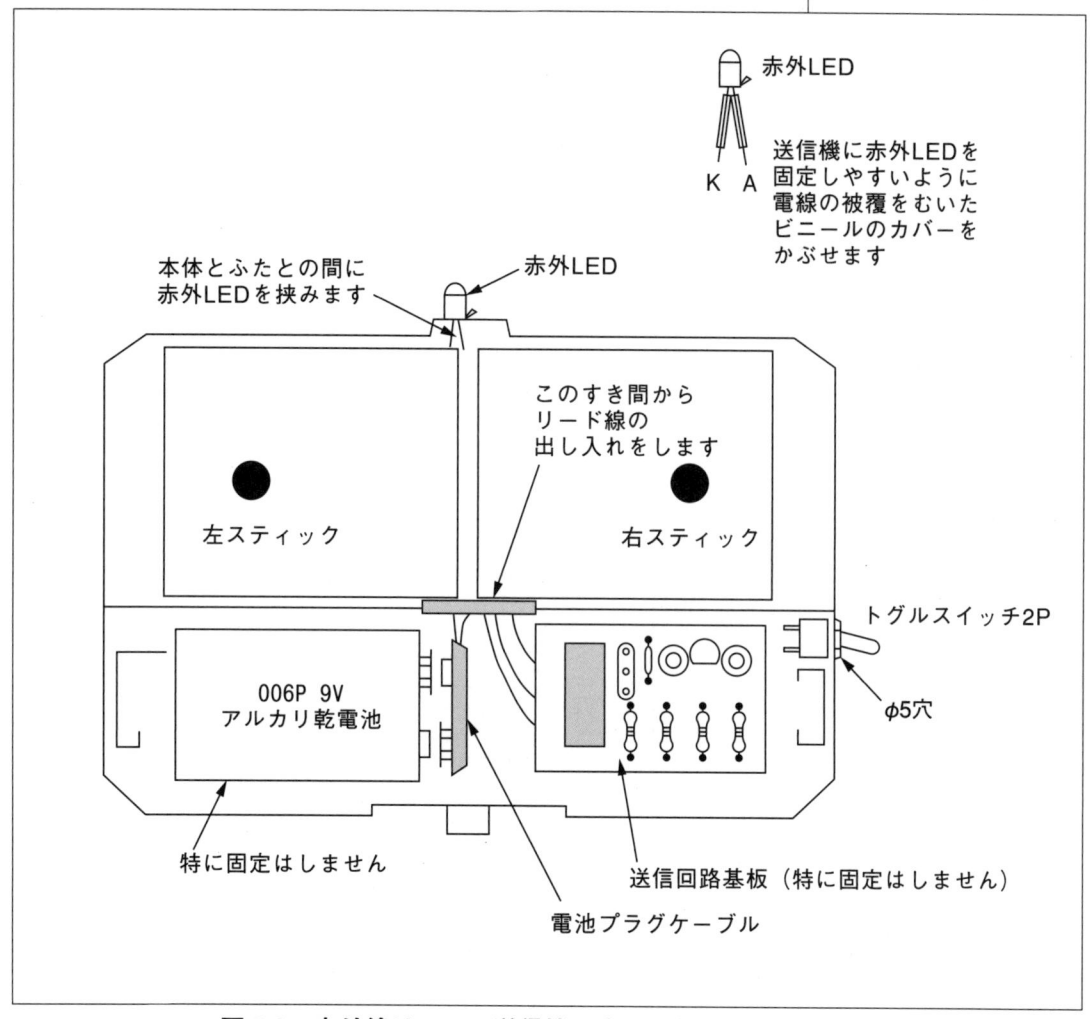

図 5.8　赤外線リモコン送信機の穴あけ加工と部品の固定

5-6 赤外線リモコン・ショベルドーザの受信回路

図5.9は、赤外線リモコン・ショベルドーザの受信回路です。

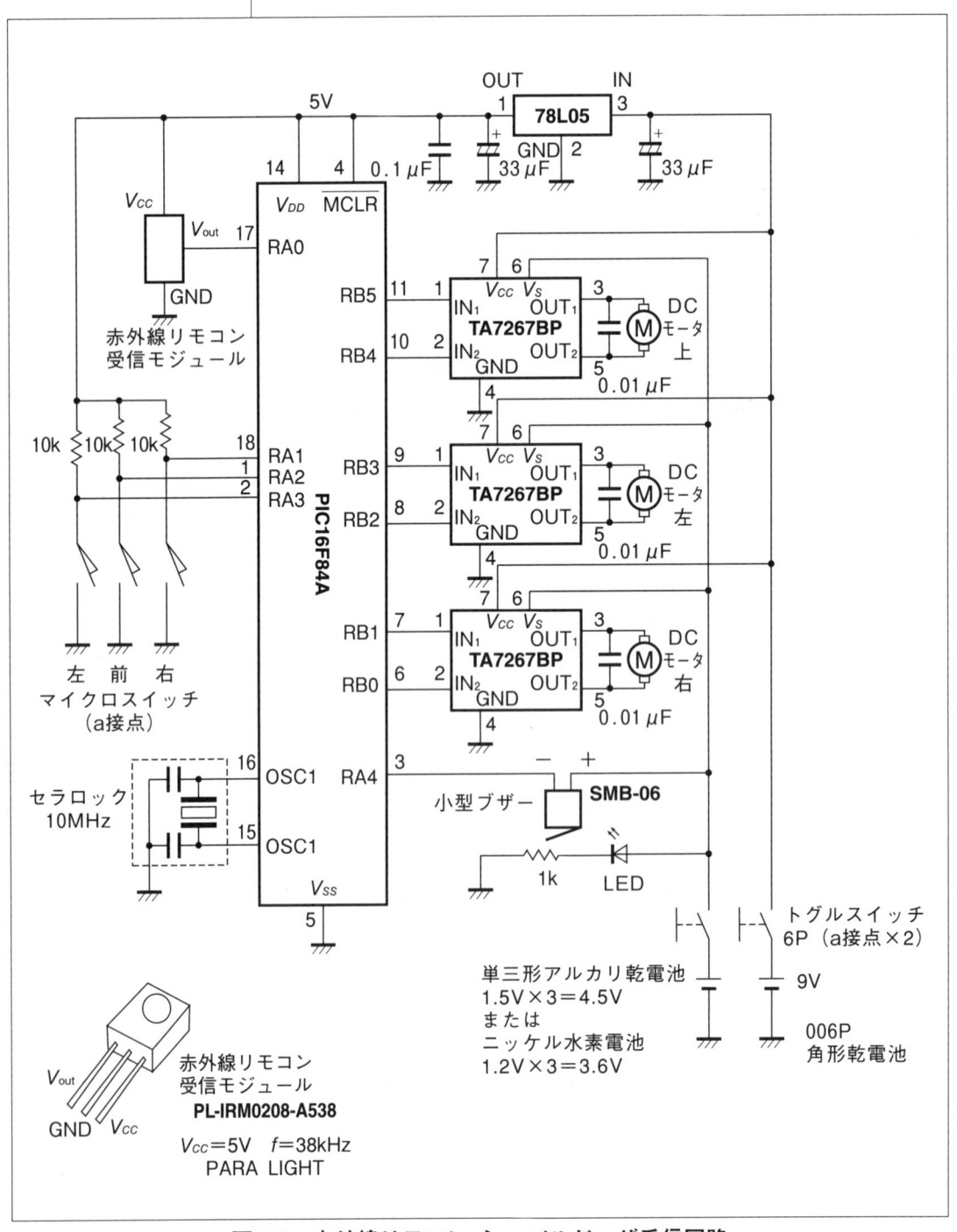

図5.9 赤外線リモコン・ショベルドーザ受信回路

5-7 受信回路基板の製作

表5.2は、赤外線リモコン・ショベルドーザの部品リストです。

表5.2 赤外線リモコン・ショベルドーザの部品リスト

部品	型番	規格等		個数	備考	単価（円）
PIC	PIC16F84A			1	マイクロチップテクノロジー	300
IC ソケット		18P		1	PIC 用	20
DC モータドライブ IC	TA7267BP			3	東芝	200
赤外線リモコン受信モジュール	PL-IRM0208-A538	$f=38\text{kHz}$ $\lambda p=940\text{nm}$		1	PARA LIGHT 同等品代用可	100
三端子レギュレータ	78L05			1		50
LED		$\phi 5$／赤		1		20
セラロック	CSTLS-G	10MHz 3本足		1	村田製作所	40
抵抗		10k	1/4W	3		5
		1k		1		5
セラミックコンデンサ		$0.01\mu F$	50V	3		10
積層セラミックコンデンサ		$0.1\mu F$	50V	1		10
電解コンデンサ		$33\mu F$	16V	2		25
トグルスイッチ	MS245	6P		1	ミヤマ	210
マイクロスイッチ	SS-1GL2-E-4			3	オムロン 同等品代用可	180
小型ブザー	SMB-06	3〜7V スター		1	同等品代用可	260
ユニバーサル基板	ICB-88			1	サンハヤト	90
単三形乾電池		単三形アルカリ		3	ニッケル水素電池代用可	40
単三形電池ボックス		平3本形		1		140
アルカリ乾電池	006P（9V）			1	マンガン乾電池代用可	350
006P 電池ボックス				1		120
電池プラグケーブル				2	電池スナップ	40
ビス・ナット		3×35mm		各2		10、5
		2×15mm		各2		5、4
		2×10mm		各4		5、4
		2×5mm		各2		5、4
タッピングビス		2×8mm		4	木ビス代用可	8
ショベルドーザ本体				1	タミヤ	2800
2芯シールド線		15cm		1		80/m
その他		リード線、すずめっき線、アルミ板（厚さ1mm）				

第5章　赤外線リモコン・ショベルドーザ

図5.10は、赤外線リモコン・ショベルドーザの受信回路基板です。

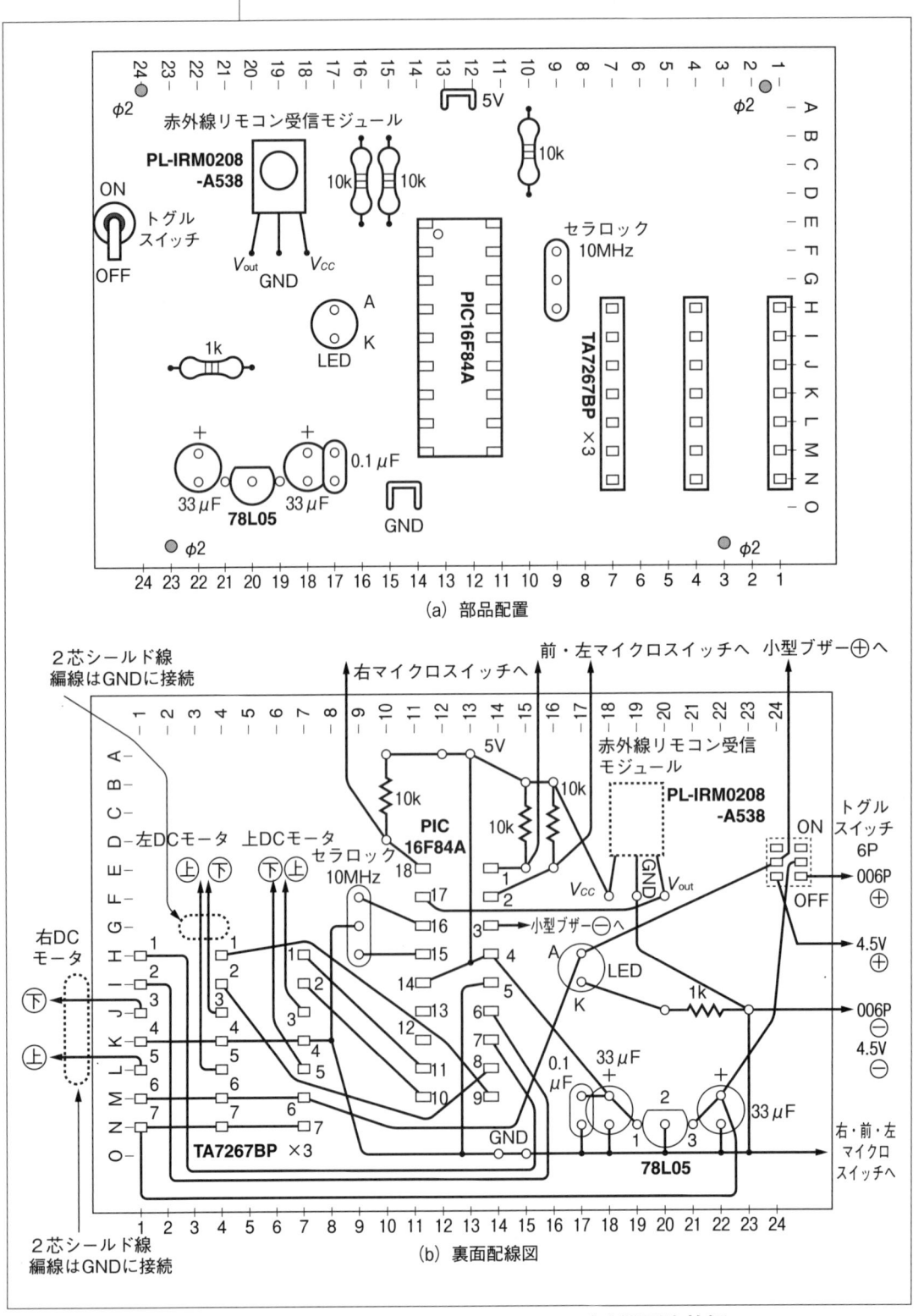

(a) 部品配置

(b) 裏面配線図

図5.10　赤外線リモコン・ショベルドーザ受信回路基板

104

5-8 穴あけ加工と部品の固定

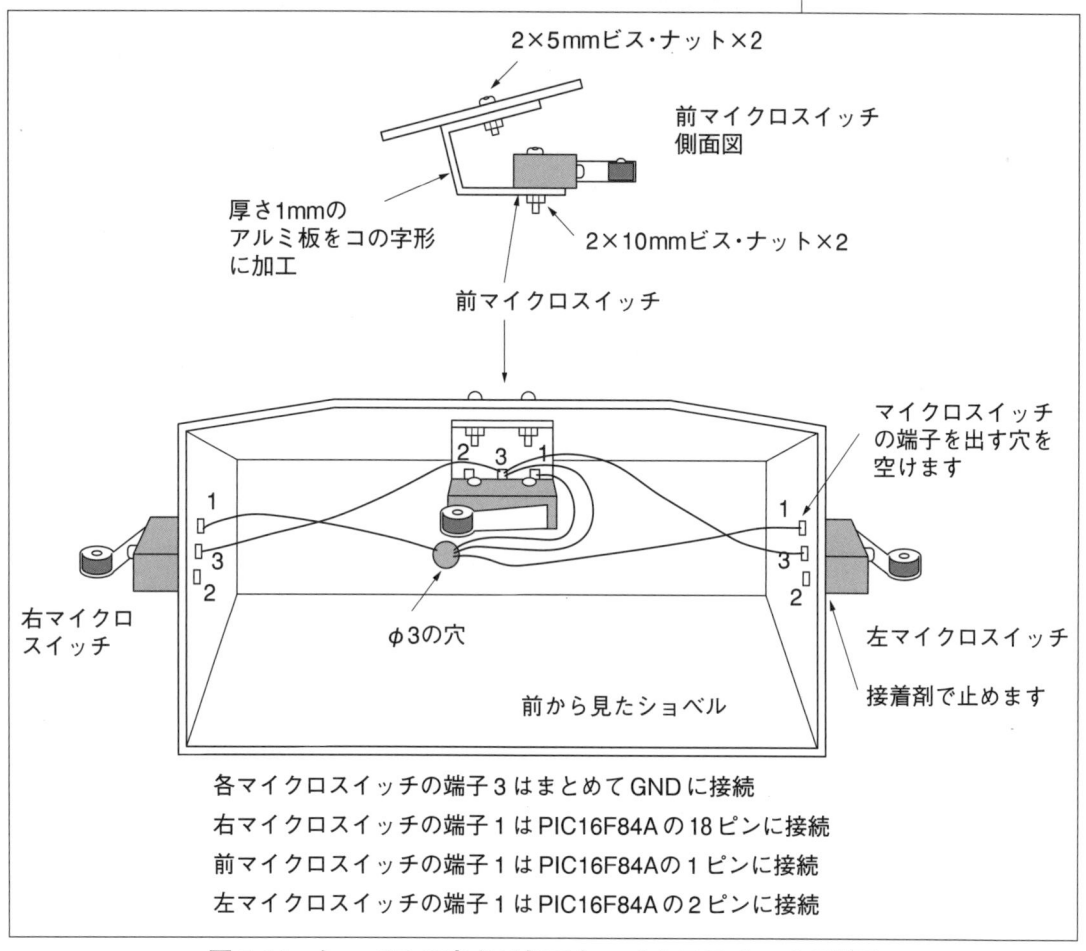

図5.11は、ショベルの穴あけ加工とマイクロスイッチの設置です。

```
2×5mmビス・ナット×2
前マイクロスイッチ側面図
厚さ1mmのアルミ板をコの字形に加工
2×10mmビス・ナット×2
前マイクロスイッチ
マイクロスイッチの端子を出す穴を空けます
右マイクロスイッチ
φ3の穴
前から見たショベル
左マイクロスイッチ
接着剤で止めます
```

各マイクロスイッチの端子3はまとめてGNDに接続
右マイクロスイッチの端子1はPIC16F84Aの18ピンに接続
前マイクロスイッチの端子1はPIC16F84Aの1ピンに接続
左マイクロスイッチの端子1はPIC16F84Aの2ピンに接続

図5.11　ショベルの穴あけ加工とマイクロスイッチの設置

2芯シールド線

図は2芯シールド線の構造です。信号線は入力先に接続し、編線はGND（0V）に接続します。信号線を覆っている編線をGND（0V）に接続することにより、ノイズの侵入を軽減できます。

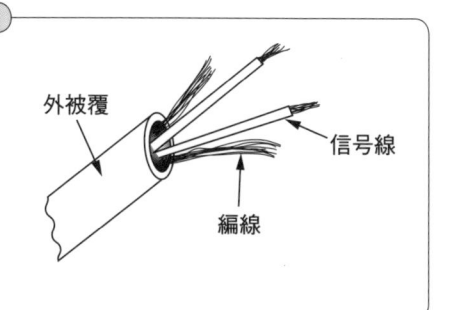

外被覆　信号線　編線

第5章　赤外線リモコン・ショベルドーザ

図5.12は、側面から見た電池ボックスと基板の取付け方です。

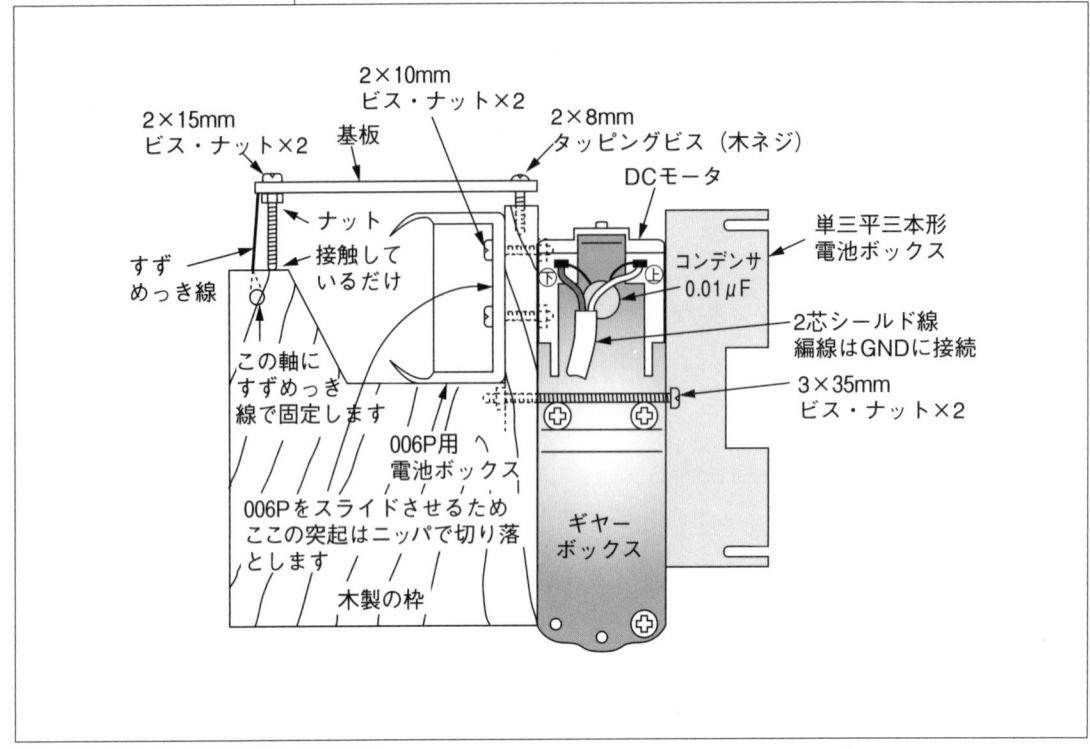

図5.12　側面から見た電池ボックスと基板の取付け方

図5.13に、小型ブザーの取付け方を示します。

小型ブザーSMB-06

　小型ブザーSMB-06は回路内蔵型ブザーです。スター精密㈱
　特長：IC回路直結可能な低消費電流。コンパクトなデザインで豊かな音量。定格電圧6〔V〕、動作電圧範囲3〜7〔V〕、平均消費電流MAX23〔mA〕、TYP20〔mA〕。

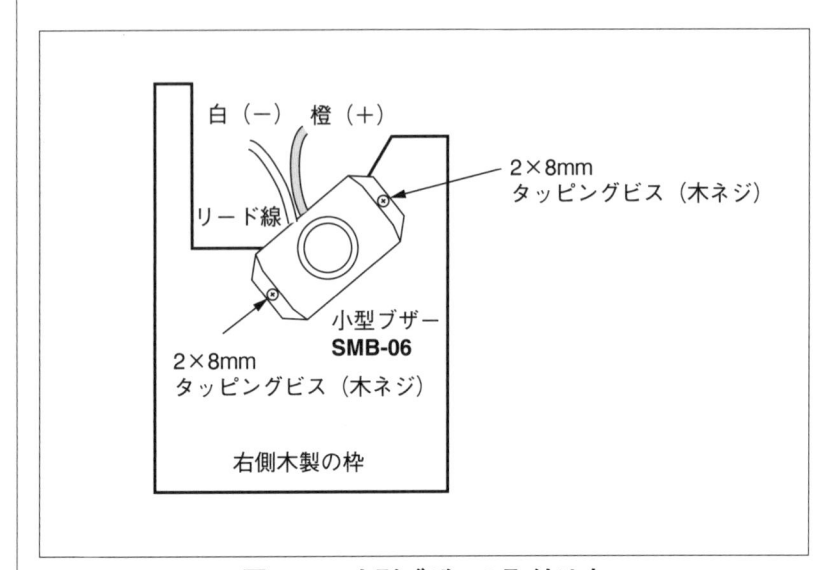

図5.13　小型ブザーの取付け方

5-9 赤外線リモコン・ショベルドーザの制御

1 送信回路のフローチャートとプログラム

図 5.14 は、赤外線リモコン・ショベルドーザの送信回路のフローチャートであり、そのプログラムをプログラム 5.1 に示します。

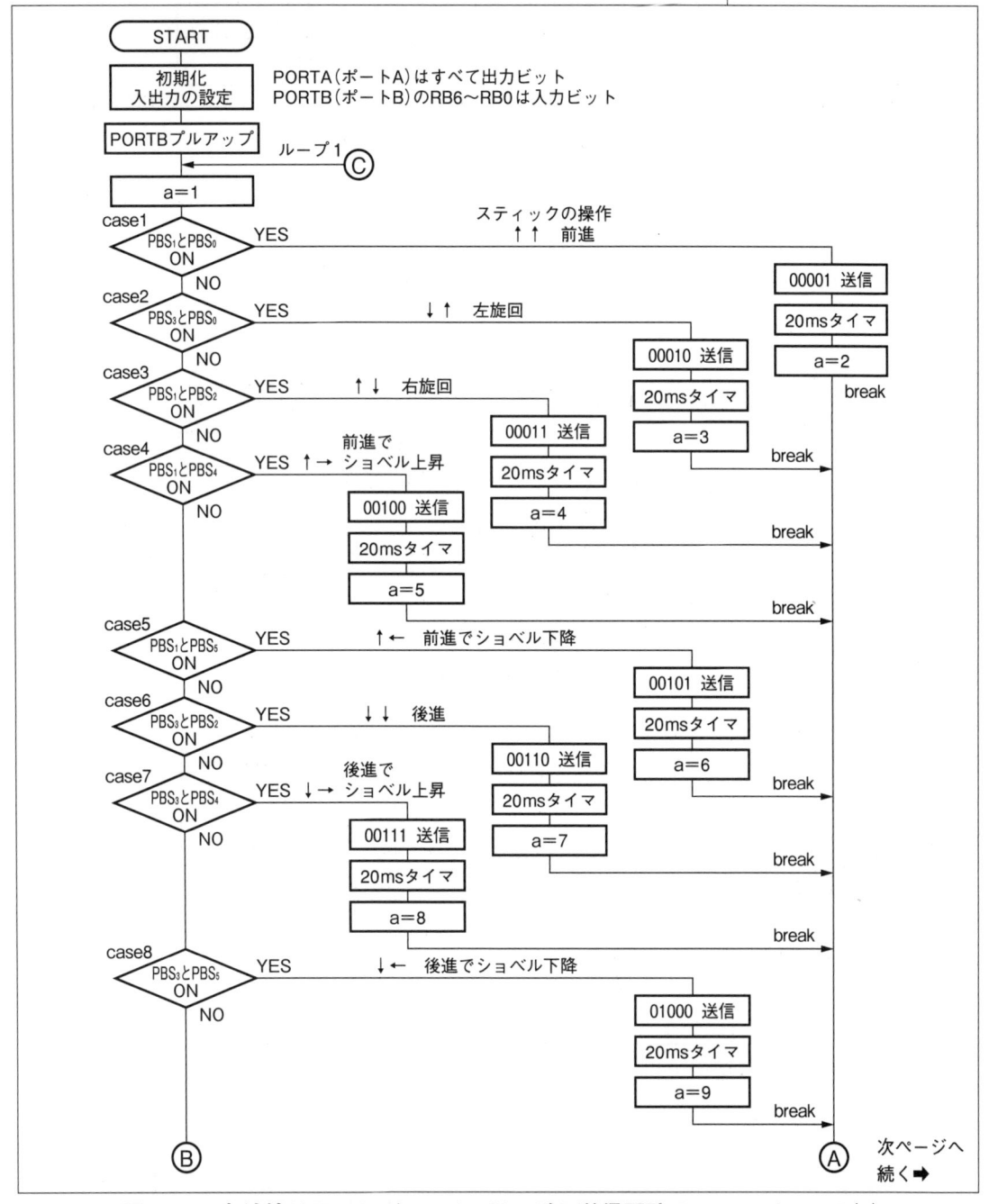

図 5.14 赤外線リモコン・ショベルドーザの送信回路のフローチャート(A)

第5章 赤外線リモコン・ショベルドーザ

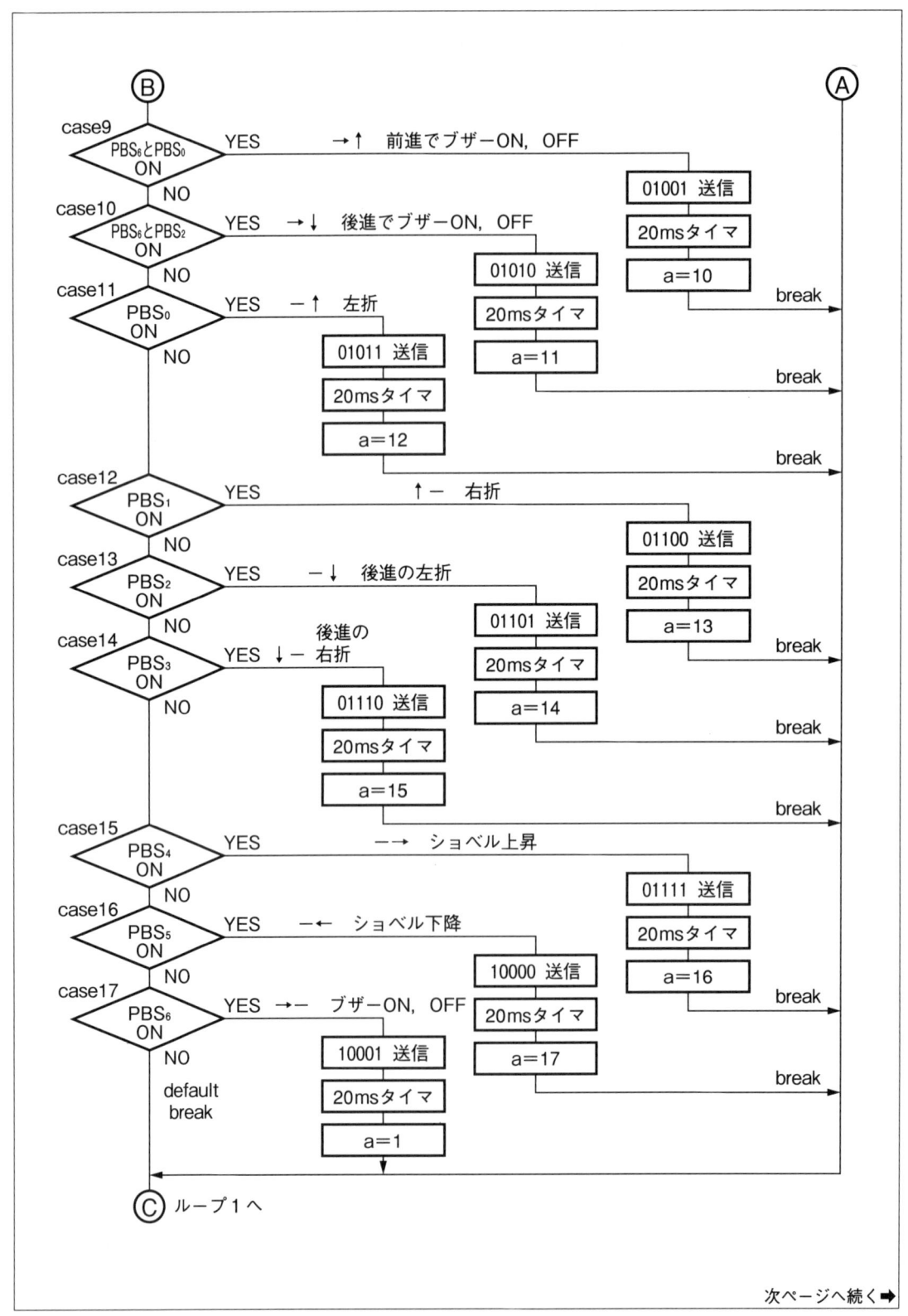

図5.14　赤外線リモコン・ショベルドーザの送信回路のフローチャート(B)

5-9 赤外線リモコン・ショベルドーザの制御

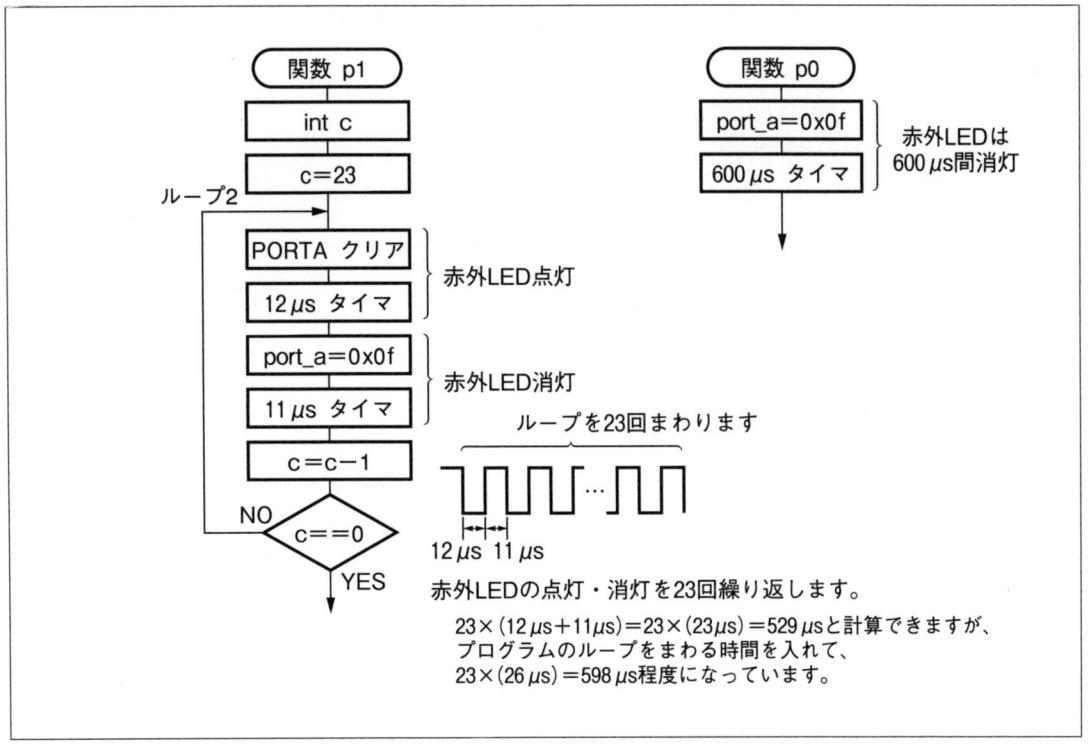

```
    関数 p1
      │
    ┌─────┐
    │int c│
    └─────┘
      │
    ┌─────┐
    │c＝23│
    └─────┘
      │
ループ2 │◄─────────────┐
      ▼              │
    ┌──────────┐     │
    │PORTA クリア│ ─┐  │   赤外LED点灯
    └──────────┘  │  │
    ┌──────────┐  │  │
    │12μs タイマ│ ─┘  │
    └──────────┘     │
    ┌──────────┐     │
    │port_a＝0x0f│─┐  │   赤外LED消灯
    └──────────┘  │  │
    ┌──────────┐  │  │
    │11μs タイマ│─┘  │
    └──────────┘     │
    ┌──────────┐     │
    │ c＝c－1  │     │
    └──────────┘     │
      │              │
    ◇c==0◇──NO───────┘
      │
     YES
      ▼
```

```
    関数 p0
      │
    ┌──────────┐
    │port_a＝0x0f│ ─┐   赤外LEDは
    └──────────┘  │   600μs間消灯
    ┌──────────┐  │
    │600μs タイマ│─┘
    └──────────┘
      │
      ▼
```

ループを23回まわります

```
 ┌┐ ┌┐ ┌┐    ┌┐
─┘└─┘└─┘└─…─┘└─
 12μs 11μs
```

赤外LEDの点灯・消灯を23回繰り返します。
23×(12μs＋11μs)＝23×(23μs)＝529μsと計算できますが、
プログラムのループをまわる時間を入れて、
23×(26μs)＝598μs程度になっています。

図5.14 赤外線リモコン・ショベルドーザの送信回路のフローチャート(C)

第5章 赤外線リモコン・ショベルドーザ

■プログラム 5.1　赤外線リモコン・ショベルドーザの送信回路

```
#include <16f84a.h>
#fuses HS,NOWDT,PUT,NOPROTECT
#use delay(clock=10000000)
#byte port_a=5  ……ファイルアドレス5番地はport_aで表します
#byte port_b=6  ……ファイルアドレス6番地はport_bで表します
void p1();  ……関数p1は戻り値なしというプロトタイプ宣言
void p0();  ……関数p0は戻り値なしというプロトタイプ宣言
main()
{
    int a;  ……aというint型変数の定義
    set_tris_a(0);  ……PORTAはすべて出力ビットに設定
    set_tris_b(0x7f);  ……PORTBのRB6～RB0は入力ビットに設定
    port_b_pullups(true);  ……PORTBの内蔵プルアップ抵抗を接続します
    while(1)  ……ループ1
    {
        a=1;  ……aに1を代入
        switch(a)  ……switch～case文、aは式を表します
        {
            case 1:  ……式a＝1のとき、次に続く実行単位を実行します
                if(input(PIN_B1)==0 && input(PIN_B0)==0)  ……RB1は"0"かつRB0は"0"
                {                                           すなわち、PBS₁ONかつPBS₀ONなら、次へ行きます
                    p1();  ……スタートビット
                    p0();p0();p0();p0();p1();  ……スイッチコード（前進）
                    p1();p0();p1();p0();p1();  ……ストップビット
                    delay_ms(20);  ……20msの送信停止時間
                    a=2;  ……aに2を代入
                    break;  ……switchブロックから抜け出します
                }
            case 2:  ……式a＝2
                if(input(PIN_B3)==0 && input(PIN_B0)==0)  ……RB3は"0"かつRB0は"0"
                {                                           すなわち、PBS₃ONかつPBS₀ON
                    p1();                                   なら、次へ行きます
                    p0();p0();p0();p1();p0();  ……スイッチコード（左旋回）
                    p1();p0();p1();p0();p1();
                    delay_ms(20);
                    a=3;  ……aに3を代入
                    break;
                }
            case 3:  ……式a＝3
                if(input(PIN_B1)==0 && input(PIN_B2)==0)  ……RB1は"0"かつRB2は"0"
                {                                           すなわち、PBS₁ONかつPBS₂ON
                    p1();                                   なら、次へ行きます
                    p0();p0();p0();p1();p1();  ……スイッチコード（右旋回）
                    p1();p0();p1();p0();p1();
                    delay_ms(20);
                    a=4;  ……aに4を代入
                    break;
                }
```

ここで、p1(); p0();
は関数p1、p0を呼び
出します

次ページへ続く➡

```
        case 4:  ……式a = 4
            if(input(PIN_B1)==0 && input(PIN_B4)==0)  ……RB1は"0"かつRB4は"0"
            {                                            すなわち、PBS1ONかつPBS4ON
                p1();                                    なら、次へ行きます
                p0();p0();p1();p0();p0();  ……スイッチコード（前進でショベル上昇）
                p1();p0();p1();p0();p1();
                delay_ms(20);
                a=5;  ……aに5を代入
                break;
            }
        case 5:  ……式a = 5
            if(input(PIN_B1)==0 && input(PIN_B5)==0)  ……RB1は"0"かつRB5は"0"
            {                                            すなわち、PBS1ONかつPBS5ON
                p1();                                    なら、次へ行きます
                p0();p0();p1();p0();p1();  ……スイッチコード（前進でショベル下降）
                p1();p0();p1();p0();p1();
                delay_ms(20);
                a=6;  ……aに6を代入
                break;
            }
        case 6:  ……式a = 6
            if(input(PIN_B3)==0 && input(PIN_B2)==0)  ……RB3は"0"かつRB2は"0"
            {                                            すなわち、PBS3ONかつPBS2ON
                p1();                                    なら、次へ行きます
                p0();p0();p1();p1();p0();  ……スイッチコード（後進）
                p1();p0();p1();p0();p1();
                delay_ms(20);
                a=7;  ……aに7を代入
                break;
            }
        case 7:  ……式a = 7
            if(input(PIN_B3)==0 && input(PIN_B4)==0)  ……RB3は"0"かつRB4は"0"
            {                                            すなわち、PBS3ONかつPBS4ON
                p1();                                    なら、次へ行きます
                p0();p0();p1();p1();p1();  ……スイッチコード（後進でショベル上昇）
                p1();p0();p1();p0();p1();
                delay_ms(20);
                a=8;  ……aに8を代入
                break;
            }
        case 8:  ……式a = 8
            if(input(PIN_B3)==0 && input(PIN_B5)==0)  ……RB3は"0"かつRB5は"0"
            {                                            すなわち、PBS3ONかつPBS5ON
                p1();                                    なら、次へ行きます
                p0();p1();p0();p0();p0();  ……スイッチコード（後進でショベル下降）
                p1();p0();p1();p0();p1();
                delay_ms(20);
                a=9;  ……aに9を代入
                break;
            }
```

```
case 9:      ……式a＝9
    if(input(PIN_B6)==0 && input(PIN_B0)==0) ……RB6は"0"かつRB0は"0"
    {                                         すなわち、PBS6ON かつ PBS0ON
        p1();                                 なら、次へ行きます
        p0();p1();p0();p0();p1(); ……スイッチコード(前進でブザー ON-OFF)
        p1();p0();p1();p0();p1();
        delay_ms(20);
        a=10; ……aに10を代入
        break;
    }
case 10:     ……式a＝10
    if(input(PIN_B6)==0 && input(PIN_B2)==0) ……RB6は"0"かつRB2は"0"
    {                                         すなわち、PBS6ON かつ PBS2ON
        p1();                                 なら、次へ行きます
        p0();p1();p0();p1();p0(); ……スイッチコード(後進でブザー ON-OFF)
        p1();p0();p1();p0();p1();
        delay_ms(20);
        a=11; ……aに11を代入
        break;
    }
case 11:     ……式a＝11
    if(input(PIN_B0)==0) ……RB0は"0"すなわち、PBS0ON なら、次へ行きます
    {
        p1();
        p0();p1();p0();p1();p1(); ……スイッチコード（左折）
        p1();p0();p1();p0();p1();
        delay_ms(20);
        a=12; ……aに12を代入
        break;
    }
case 12:     ……式a＝12
    if(input(PIN_B1)==0) ……RB1は"0"、すなわち、PBS1ON なら次へ行きます
    {
        p1();
        p0();p1();p1();p0();p0(); ……スイッチコード（右折）
        p1();p0();p1();p0();p1();
        delay_ms(20);
        a=13; ……aに13を代入
        break;
    }
case 13:     ……式a＝13
    if(input(PIN_B2)==0) ……RB2は"0"、すなわち、PBS2ON なら、次へ行きます
    {
        p1();
        p0();p1();p1();p0();p1(); ……スイッチコード（後進の左折）
        p1();p0();p1();p0();p1();
        delay_ms(20);
        a=14; ……aに14を代入
        break;
    }
```

次ページへ続く➡

```
            case 14:       式a = 14
                if(input(PIN_B3)==0)       RB3 は "0"、すなわち、PBS3ON なら、次へ行きます
                {
                    p1();
                    p0();p1();p1();p1();p0();       スイッチコード（後進の右折）
                    p1();p0();p1();p0();p1();
                    delay_ms(20);
                    a=15;       a に 15 を代入
                    break;
                }
            case 15:       式a = 15
                if(input(PIN_B4)==0)       RB4 は "0"、すなわち、PBS4ON なら、次へ行きます
                {
                    p1();
                    p0();p1();p1();p1();p1();       スイッチコード（ショベル上昇）
                    p1();p0();p1();p0();p1();
                    delay_ms(20);
                    a=16;       a に 16 を代入
                    break;
                }
            case 16:       式a = 16
                if(input(PIN_B5)==0)       RB5 は "0"、すなわち、PBS5ON なら、次へ行きます
                {
                    p1();
                    p1();p0();p0();p0();p0();       スイッチコード（ショベル下降）
                    p1();p0();p1();p0();p1();
                    delay_ms(20);
                    a=17;       a に 17 を代入
                    break;
                }
            case 17:       式a = 17
                if(input(PIN_B6)==0)       RB6 は "0"、すなわち、PBS6ON なら、次へ行きます
                {
                    p1();
                    p1();p0();p0();p0();p1();       スイッチコード（ブザー ON-OFF）
                    p1();p0();p1();p0();p1();
                    delay_ms(20);
                    a=1;       a に 1 を代入
                    break;
                }
            default:       押しボタンスイッチの ON-OFF 操作がなければ switch ブロックを抜
                break;              け出します
        }
    }
}
void p1()       関数 p1 の本体
{
    int c;       c という int 型変数の定義
    c=23;       c に 23 を代入
    while(1)       ループ 2
```

次ページへ続く➡

```
        {
            port_a=0;        ……PORTA をクリア(0)、赤外 LED は点灯、ここは output_a(0); とはしません
            delay_us(12);    ……12μs タイマ
            port_a=0x0f;     ……1111(0x0f)、赤外 LED は消灯
            delay_us(11);    ……11μs タイマ
            c=c-1;           ……c－1 の結果を c に代入、c のデクリメント(－1)
            if(c==0)         ……c==0 なら、break 文でループ 2 を脱出
                break;
        }
}
void p0()    ……関数 p0 の本体
{
    port_a=0x0f;       ……赤外 LED は消灯、ここは output_a(0x0f); とはしません
    delay_us(600);     ……600μs タイマ
}
```

2 受信回路のフローチャートとプログラム

図5.15は、赤外線リモコン・ショベルドーザの受信回路のフローチャートであり、そのプログラムをプログラム5.2に示します。

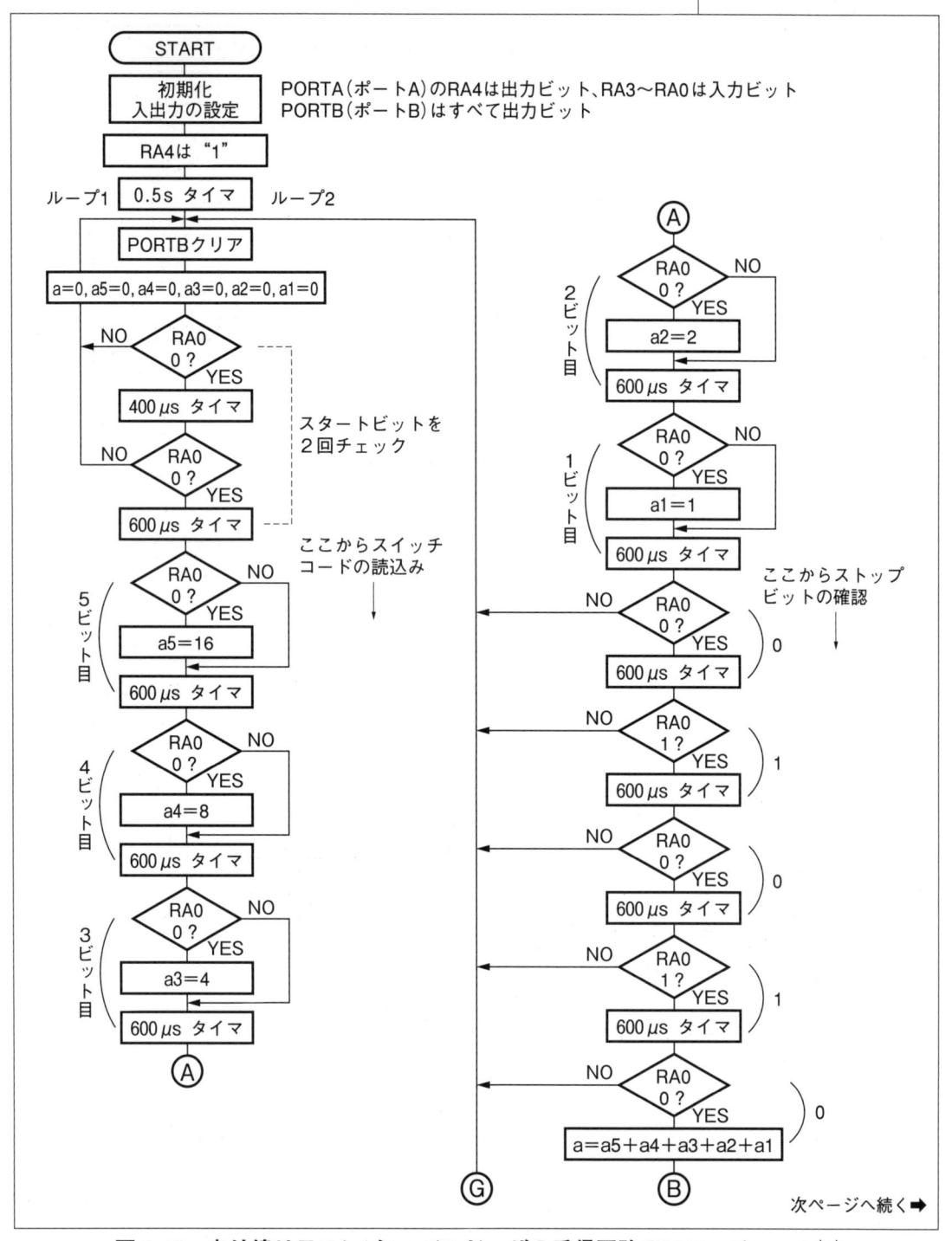

図5.15 赤外線リモコン・ショベルドーザの受信回路のフローチャート(A)

第5章 赤外線リモコン・ショベルドーザ

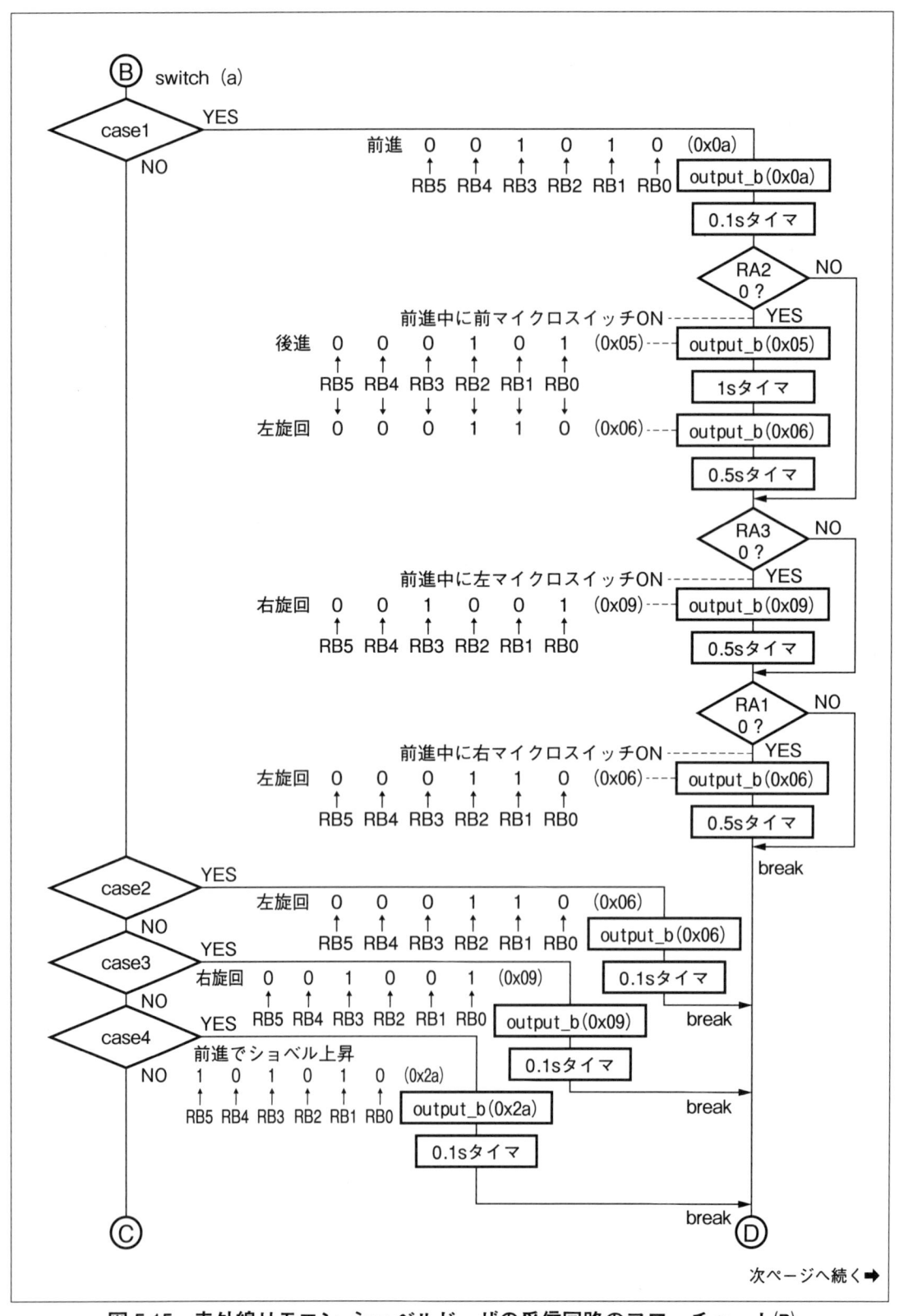

図5.15 赤外線リモコン・ショベルドーザの受信回路のフローチャート(B)

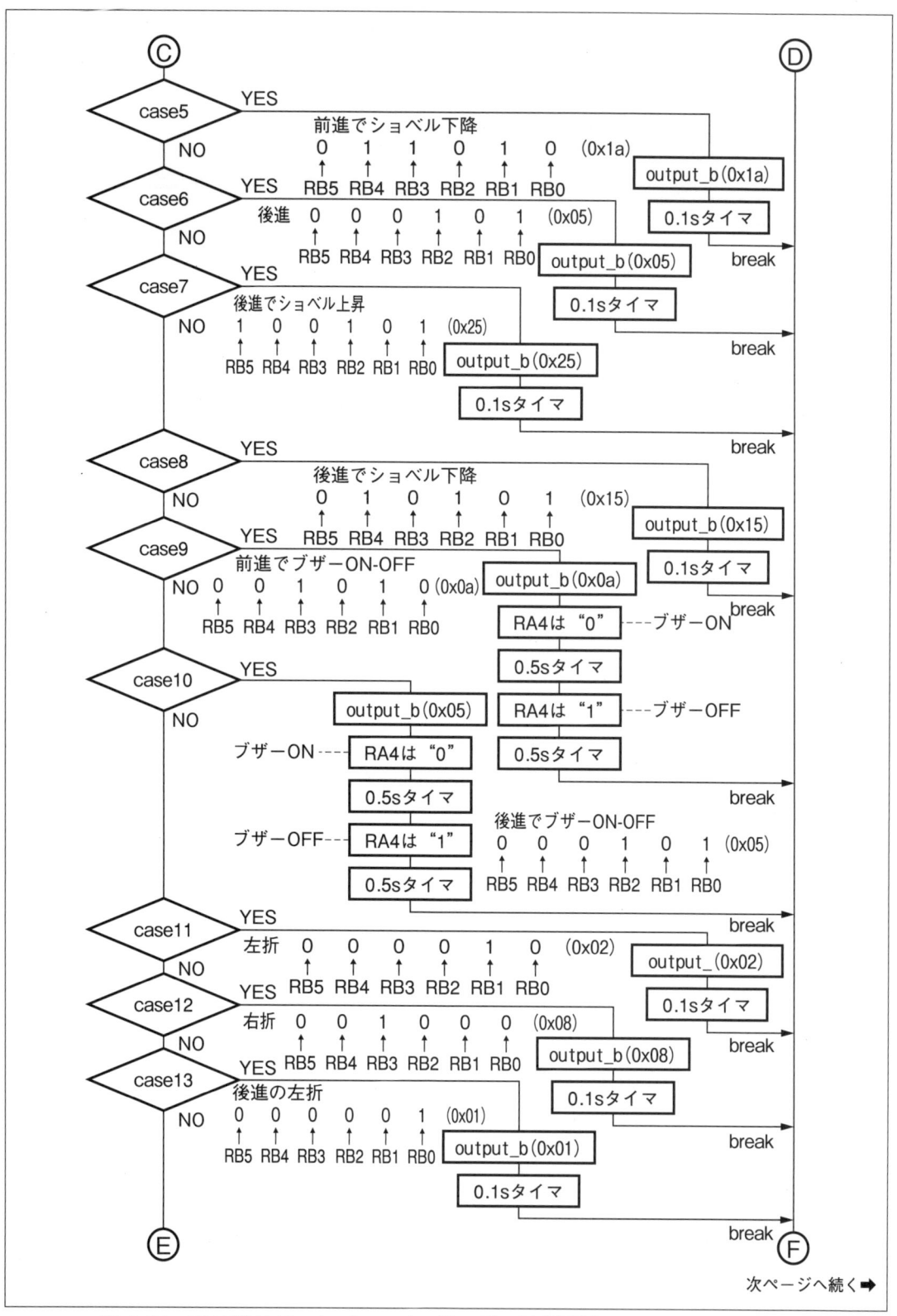

図 5.15　赤外線リモコン・ショベルドーザの受信回路のフローチャート(C)

第5章 赤外線リモコン・ショベルドーザ

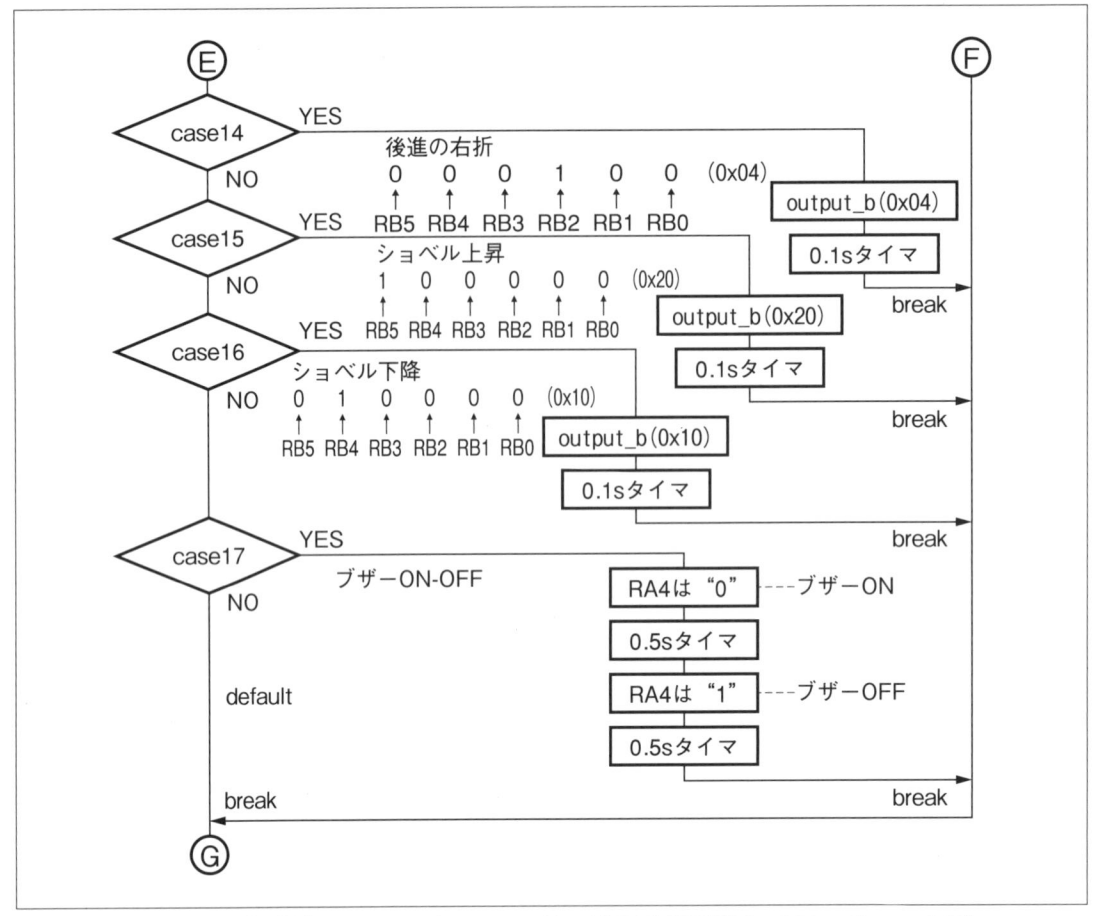

図5.15 赤外線リモコン・ショベルドーザの受信回路のフローチャート(D)

■プログラム 5.2　赤外線リモコン・ショベルドーザの受信回路

```
#include <16f84a.h>
#fuses HS,NOWDT,PUT,NOPROTECT
#use delay(clock=10000000)
main()
{
    int a,a5,a4,a3,a2,a1;          ……a、a5、a4、a3、a2、a1 という int 型変数の定義
    set_tris_a(0x0f);              ……PORTA の RA4 は出力ビット、RA3～ RA0 は入力ビットに設定
    set_tris_b(0);                 ……PORTB はすべて出力ビットに設定
    output_high(PIN_A4);           ……RA4 を "1" にする．ブザー OFF
    delay_ms(500);                 ……0.5s タイマ
    while(1)                       ……ループ 1
    {
        while(1)                   ……ループ 2
        {
            output_b(0);           ……PORTB クリア(0)、ショベルドーザ停止
            a=0;a5=0;a4=0;a3=0;a2=0;a1=0;  ……a、a5、a4、a3、a2、a1 をクリア(0)
            if(input(PIN_A0)==0)   ……RA0 は "0"
                delay_us(400);     ……400μs タイマ
            else
                break;
            if(input(PIN_A0)==0)   ……RA0 は "0"
                delay_us(600);     ……600μs タイマ
            else
                break;
            if(input(PIN_A0)==0)   ……ここから、スイッチコードの読込み
                a5=16;             ……5 ビット目、RA0 は "0" なら a5 に 16 を代入
            delay_us(600);
            if(input(PIN_A0)==0)   ……4 ビット目、RA0 は "0" なら、a4 に 8 を代入
                a4=8;
            delay_us(600);
            if(input(PIN_A0)==0)   ……3 ビット目、RA0 は "0" なら、a3 に 4 を代入
                a3=4;
            delay_us(600);
            if(input(PIN_A0)==0)   ……2 ビット目、RA0 は "0" なら、a2 に 2 を代入
                a2=2;
            delay_us(600);
            if(input(PIN_A0)==0)   ……1 ビット目、RA0 は "0" なら、a1 に 1 を代入
                a1=1;
            delay_us(600);
            if(input(PIN_A0)==0)   ……ここからストップビットの確認
                delay_us(600);     ……RA0 は "0" なら、600μs タイマ
            else
                break;
            if(input(PIN_A0)==1)   ……RA0 は "1" なら、600μs タイマ
                delay_us(600);
            else
                break;
```

RA0 は "0" かどうか、スタートビットを 2 回チェックします
RA0 が "0" でなければ、break 文でループ 2 を脱出

次ページへ続く ➡

```
        if(input(PIN_A0)==0)      RA0は"0"なら、600μsタイマ
            delay_us(600);
    else
            break;
        if(input(PIN_A0)==1)      RA0は"1"なら、600μsタイマ
            delay_us(600);
    else
            break;
        if(input(PIN_A0)==0)      RA0は"0"なら、aにa5＋a4＋a3＋a2＋a1の値を代入
            a=a5+a4+a3+a2+a1;
    else
            break;
    switch(a)      switch～case文
    {
        case 1:      式a＝1のとき、次に続く実行単位を実行します
            output_b(0x0a);      001010(0x0a)、前進
            delay_ms(100);      0.1sタイマ
            if(input(PIN_A2)==0)      RA2は"0"、
            {                          前マイクロスイッチON
                output_b(0x05);      000101(0x05)、後進
                delay_ms(1000);      1sタイマ
                output_b(0x06);      000110(0x06)、左旋回
                delay_ms(500);      0.5sタイマ
            }
            if(input(PIN_A3)==0)      RA3は"0"、
            {                          左マイクロスイッチON
                output_b(0x09);      001001(0x09)、右旋回
                delay_ms(500);
            }
            if(input(PIN_A1)==0)      RA1は"0"、
            {                          右マイクロスイッチON
                output_b(0x06);      左旋回
                delay_ms(500);
            }
            break;
        case 2:      式a＝2
            output_b(0x06);      左旋回
            delay_ms(100);
            break;
        case 3:      式a＝3
            output_b(0x09);      右旋回
            delay_ms(100);
            break;
        case 4:      式a＝4
            output_b(0x2a);      101010（0x2a）
            delay_ms(100);       前進でショベル上昇
            break;
        case 5:      式a＝5
            output_b(0x1a);      011010（0x1a）
            delay_ms(100);       前進でショベル下降
```

◀第6章で製作する「フォークリフト」ではこのif文を削除します。図5.9のショベルドーザ受信回路において，マイクロスイッチを設置しない場合も，このif文を削除します

次ページへ続く➡

```
            break;
    case 6:   ……式 a = 6
        output_b(0x05);  ……後進
        delay_ms(100);
        break;
    case 7:   ……式 a = 7
        output_b(0x25);  ……100101(0x25)
        delay_ms(100);    後進でショベル上昇
        break;
    case 8:   ……式 a = 8
        output_b(0x15);  ……010101(0x15)
        delay_ms(100);    後進でショベル下降
        break;
    case 9:   ……式 a = 9
        output_b(0x0a);  ……前進
        output_low(PIN_A4);  ……RA4 は "0"、ブザー ON
        delay_ms(500);   ……0.5s タイマ
        output_high(PIN_A4); ……RA4 は "1"、ブザー OFF
        delay_ms(500);   ……0.5s タイマ
        break;
    case 10:  ……式 a = 10
        output_b(0x05);  ……後進
        output_low(PIN_A4);  ……RA4 は "0"、ブザー ON
        delay_ms(500);   ……0.5s タイマ
        output_high(PIN_A4); ……RA4 は "1"、ブザー OFF
        delay_ms(500);   ……0.5s タイマ
        break;
    case 11:  ……式 a = 11
        output_b(0x02);  ……000010(0x02)、左折
        delay_ms(100);
        break;
    case 12:  ……式 a = 12
        output_b(0x08);  ……001000(0x08)、右折
        delay_ms(100);
        break;
    case 13:  ……式 a = 13
        output_b(0x01);  ……000001(0x01)、後進の左折
        delay_ms(100);
        break;
    case 14:  ……式 a = 14
        output_b(0x04);  ……000100(0x04)、後進の右折
        delay_ms(100);
        break;
    case 15:  ……式 a = 15
        output_b(0x20);  ……100000(0x20)、ショベル上昇
        delay_ms(100);
        break;
    case 16:  ……式 a = 16
        output_b(0x10);  ……010000(0x10)、ショベル下降
        delay_ms(100);
```

RB5,	4,	3,	2,	1,	RB0	16進数	動作
0	0	1	0	1	0	0x0a	前進
0	0	0	1	0	1	0x05	後進
0	0	0	1	1	0	0x06	左旋回
0	0	1	0	0	1	0x09	右旋回
1	0	1	0	1	0	0x2a	前進でショベル上昇
0	1	1	0	1	0	0x1a	前進でショベル下降
1	0	0	1	0	1	0x25	後進でショベル上昇
0	1	0	1	0	1	0x15	後進でショベル下降
0	0	0	0	1	0	0x02	左折
0	0	1	0	0	0	0x08	右折
0	0	0	0	0	1	0x01	後進の左折
0	0	0	1	0	0	0x04	後進の右折
1	0	0	0	0	0	0x20	ショベル上昇
0	1	0	0	0	0	0x10	ショベル下降

次ページへ続く➡

```
                break;
            case 17:        ……式a＝17
                output_low(PIN_A4);   ……RA4は"0"、ブザーON
                delay_ms(500);        ……0.5sタイマ
                output_high(PIN_A4);  ……RA0は"1"、ブザーOFF
                delay_ms(500);        ……0.5sタイマ
                break;
            default:        ……式がどれにもあてはまらないときswitchブロックから抜け出します
                break;
        }
      }
   }
}
```

第6章 赤外線リモコン・フォークリフト

タミヤの有線のリモコン・フォークリフトを改造します。赤外線リモコン・ショベルドーザと同様に、車体に赤外線リモコン受信回路を搭載し、付属のスティックを改造した赤外線リモコン送信機によって操縦します。フォークリフトの旋回を容易にするため、付属のキャスタは、小形プラスチックキャスタに変更します。

6-1 フォークリフトの概要

　図6.1は、第5章の赤外線リモコン・ショベルドーザの回路を利用した赤外線リモコン・フォークリフトです。ショベルドーザと同様に、タミヤの3チャンネルリモコン・フォークリフトを改造します。図6.2に改造した赤外線リモコン送信機の外観を示します。これは、図5.2と同じものです。

図6.1　フォークリフト(A)

第6章 赤外線リモコン・フォークリフト

　このフォークリフトは、ショベルドーザと同様に赤外線通信を利用し、赤外線リモコン送信機のスティックの操作によって、ショベルドーザと同じような動作をします。ただし、ショベルの動きがフォークの動きに替わり、三つのマイクロスイッチはありません。

図6.1　フォークリフト(B)　　（底面）

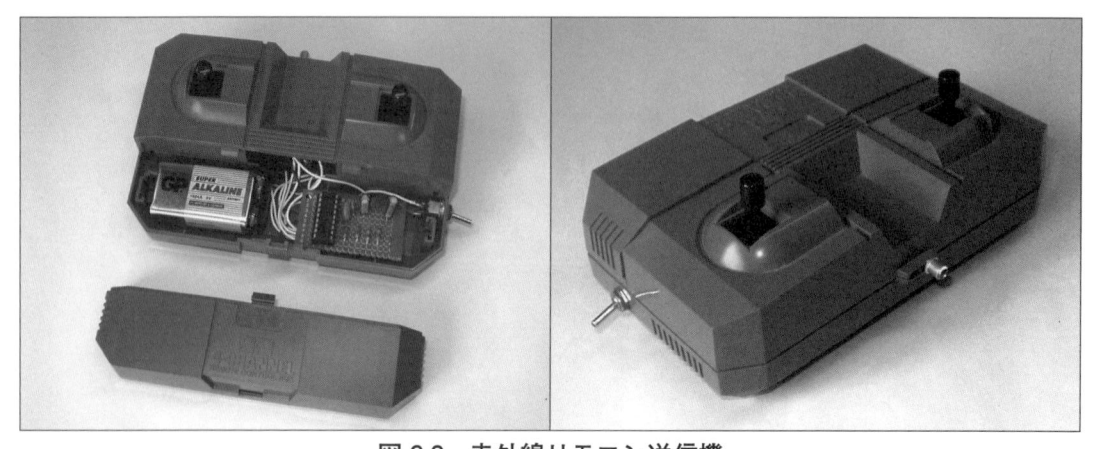

図6.2　赤外線リモコン送信機

6-2 赤外線リモコン送信回路と受信回路

　フォークリフトの赤外線リモコン送信回路は、図5.5ショベルドーザの送信回路と同じです。また、スティック基板の改造も図5.6を利用します。したがって、部品リストは表5.1になります。

　図6.3は、赤外線リモコン・フォークリフトの受信回路です。図5.9のショベルドーザ受信回路からマイクロスイッチ回路を除いたものです。

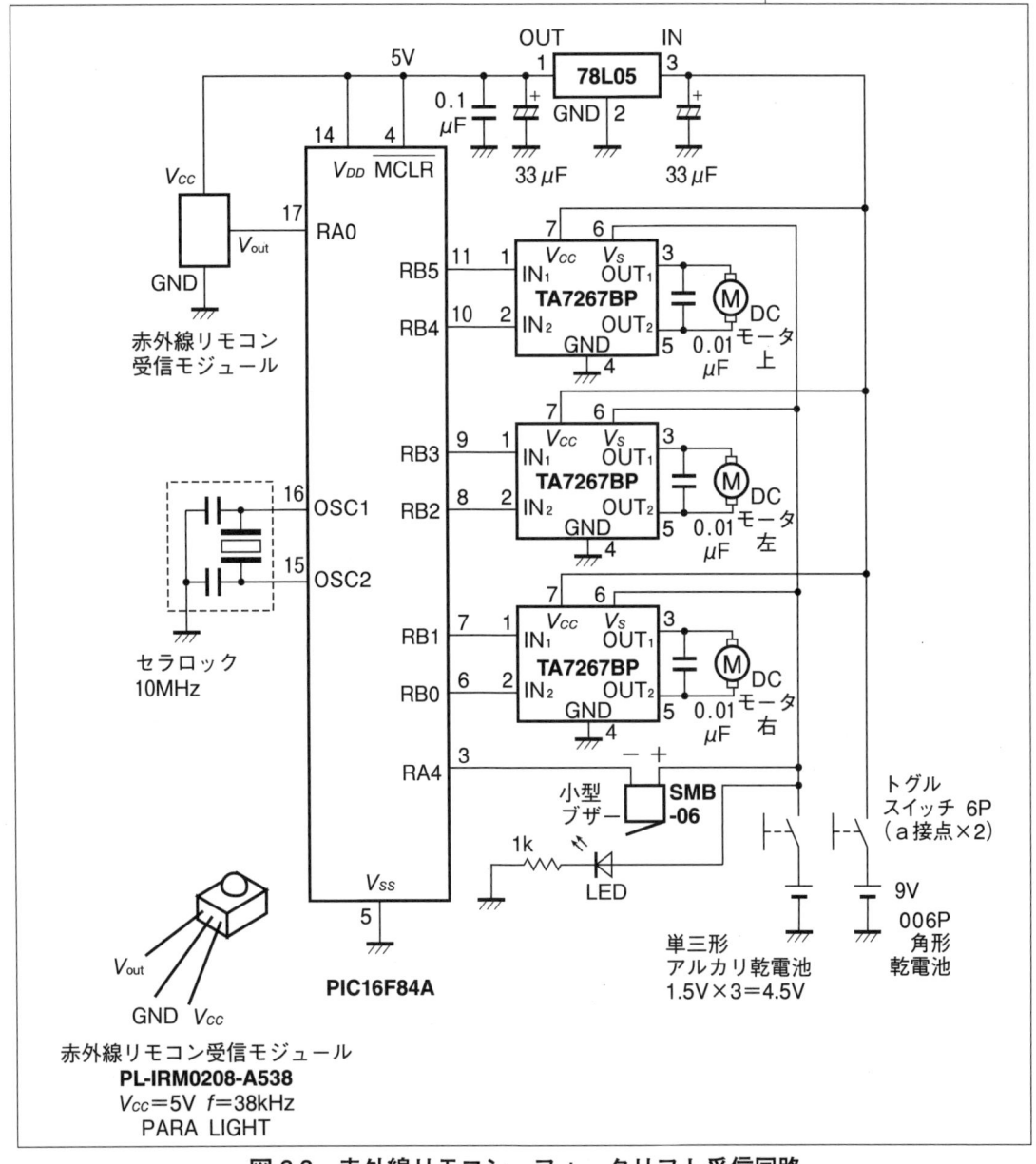

図6.3　赤外線リモコン・フォークリフト受信回路

6-3 受信回路基板の製作

表6.1は、赤外線リモコン・フォークリフトの部品リストです。

表6.1 赤外線リモコン・フォークリフトの部品リスト

部品	型番	規格等		個数	備考	単価（円）
PIC	PIC16F84A			1	マイクロチップテクノロジー	300
ICソケット		18P		1	PIC用	20
DCモータドライブIC	TA7267BP			3	東芝	200
赤外線リモコン受信モジュール	PL-IRM0208-A538	f=38kHz λp=940nm		1	PARA LIGHT 同等品代用可	100
三端子レギュレータ	78L05			1		50
LED		φ5／赤		1		20
セラロック	CSTLS-G	10MHz 3本足		1	村田製作所	40
抵抗		1k	1/4W	1		5
セラミックコンデンサ		0.01μF	50V	3		10
積層セラミックコンデンサ		0.1μF	50V	1		10
電解コンデンサ		33μF	16V	2		25
トグルスイッチ	MS245	6P		1	ミヤマ	210
小型ブザー	SMB-06	3〜7V スター		1	同等品代用可	260
ユニバーサル基板	ICB-88			1	サンハヤト	90
単三形乾電池		単三形アルカリ		3	ニッケル水素電池代用可	40
単三形電池ボックス		平3本形		1		140
アルカリ乾電池	006P（9V）			1	マンガン乾電池代用可	350
006P電池ボックス				1		120
電池プラグケーブル				2	電池スナップ	40
小形プラスチックキャスタ		25mm径		1		120
ビス・ナット		3×30mm		各2		10、5
		2×15mm		各2		5、4
		2×10mm		各6		5、4
ナット		3mm		4		5
木ネジ		2×8mm		2		8
フォークリフト本体				1	タミヤ	3000
その他		リード線、すずめっき線など				

6-3 受信回路基板の製作

図6.4 は、赤外線リモコン・フォークリフトの受信回路基板です。

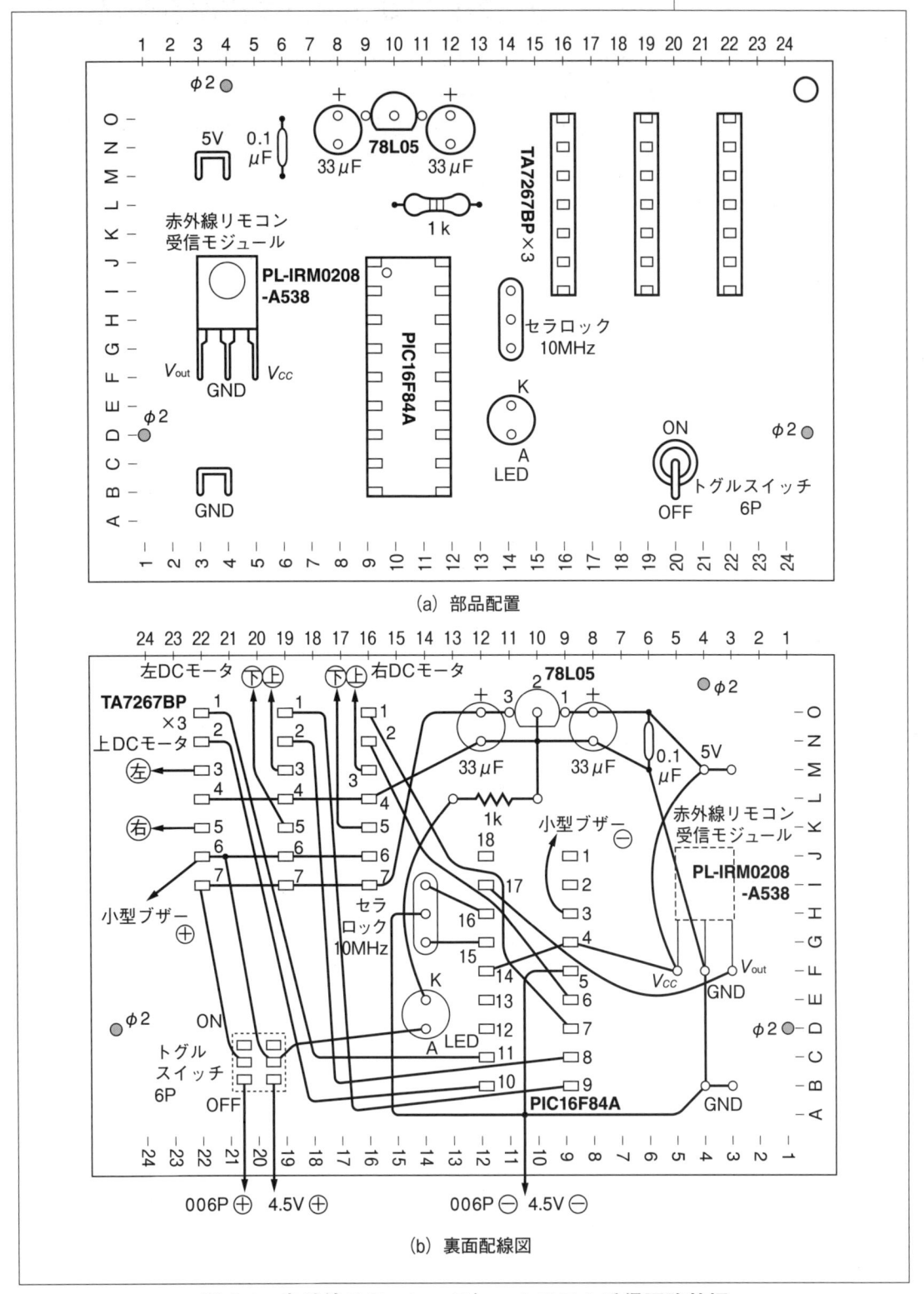

(a) 部品配置

(b) 裏面配線図

図6.4　赤外線リモコン・フォークリフト受信回路基板

127

第6章 赤外線リモコン・フォークリフト

6-4 穴あけ加工と部品の固定

　図6.5は、フォークリフトの穴あけ加工と部品の固定です。穴あけ加工と部品の固定の前に、フォークリフトのプレート上にあるものはすべて除去します。プレート上には、受信回路基板と単三形電池ボックス、006P用電池ボックスのみが設置されます。

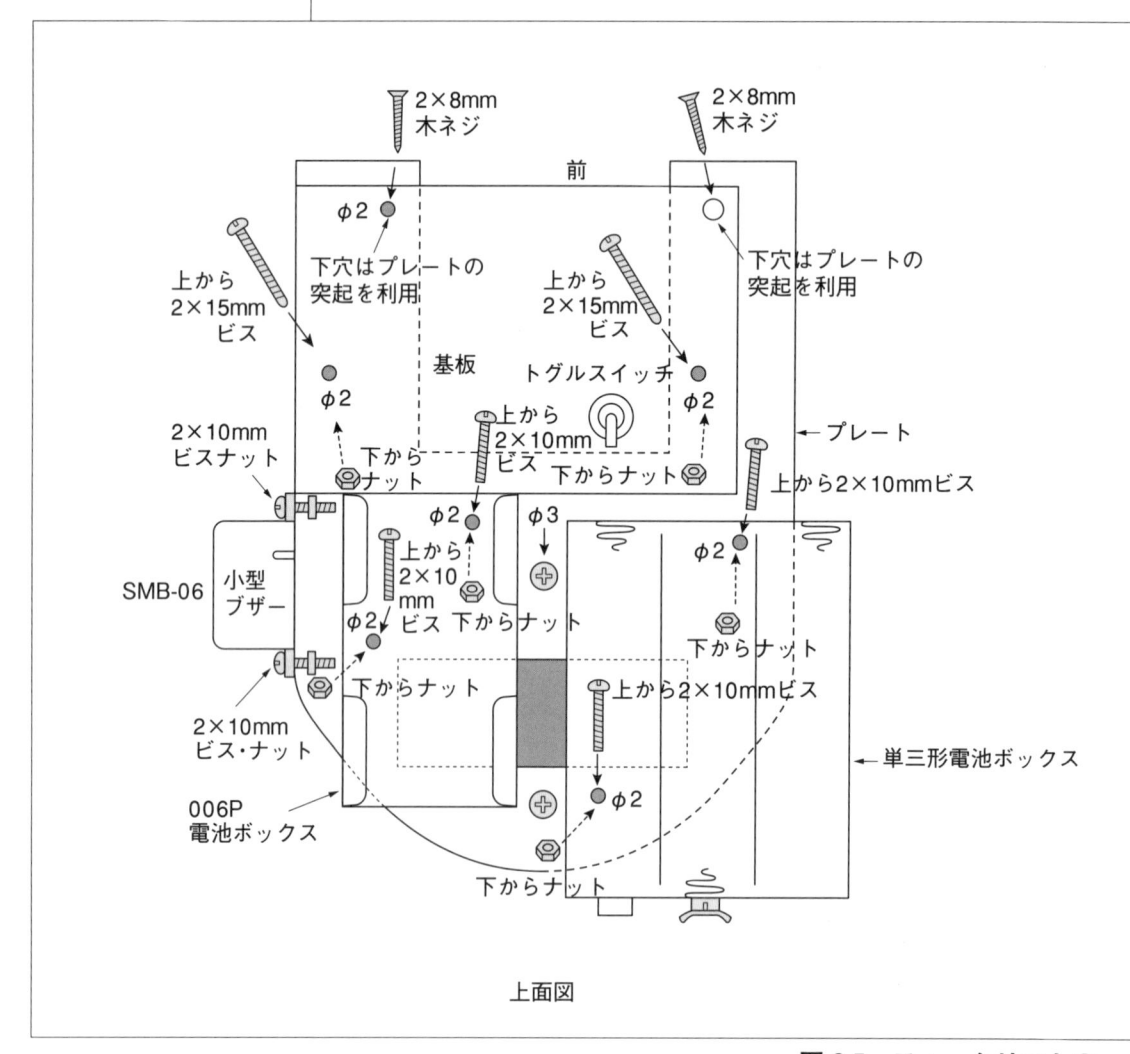

図6.5　フォークリフトの

6-4 穴あけ加工と部品の固定

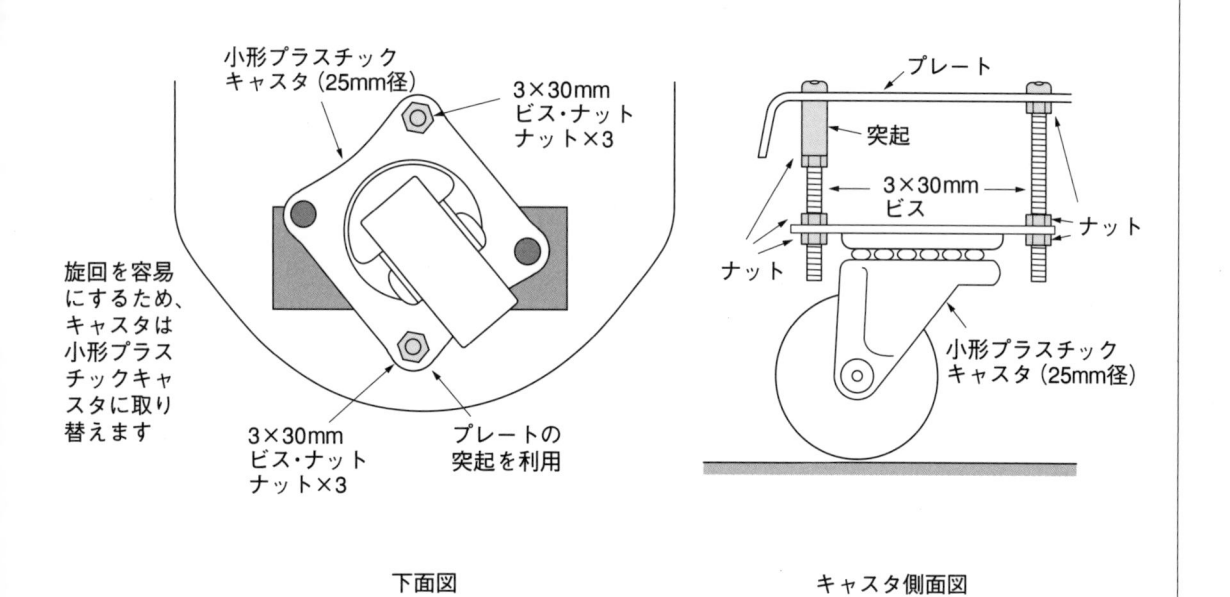

小形プラスチック
キャスタ（25mm径）

3×30mm
ビス・ナット
ナット×3

旋回を容易
にするため、
キャスタは
小形プラス
チックキャス
タに取り
替えます

3×30mm
ビス・ナット
ナット×3

プレートの
突起を利用

下面図

プレート

突起

3×30mm
ビス

ナット

ナット

小形プラスチック
キャスタ（25mm径）

キャスタ側面図

穴あけ加工と部品の固定

6-5 プログラムの変更

　送信回路のプログラムは、**プログラム 5.1** のショベルドーザ送信回路と同じです。受信回路のプログラムは、**プログラム 5.2** ショベルドーザの受信回路を利用し、マイクロスイッチ回路がないので、一部変更します。変更個所は、**プログラム 5.2** に記してあります。

第7章 赤外線リモコンによる単相誘導モータの正転・逆転制御

　実用装置として利用できる、赤外線リモコンによる単相誘導モータの正転・逆転制御について解説します。プログラムは送信回路・受信回路ともに、第1章の赤外線リモコンによる電球の点滅制御と同じです。
　また、センサ入力の実験のために、CdSセル、コンデンサマイク、衝撃センサ、フォトインタラプタ、IC化温度センサ、リードスイッチを使用したセンサ回路を製作し、実験を通してその動作原理を学びます。

7-1 赤外線リモコンによる単相誘導モータの正転・逆転制御回路

　図7.1は、PIC16F84Aと赤外線リモコン受信モジュールを搭載した単相誘導モータの正転・逆転回路基板です。図7.2は、赤外線リモコン送信機で、第1章の図1.5と同じものです。

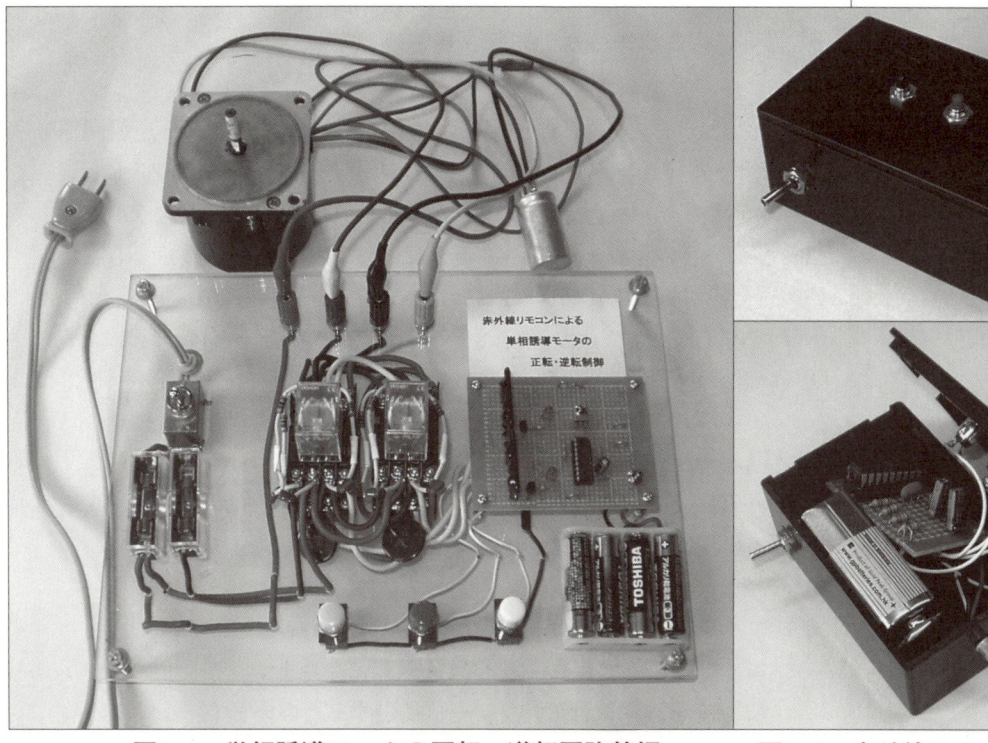

図7.1　単相誘導モータの正転・逆転回路基板　　図7.2　赤外線リモコン送信機

第7章 赤外線リモコンによる単相誘導モータの正転・逆転制御

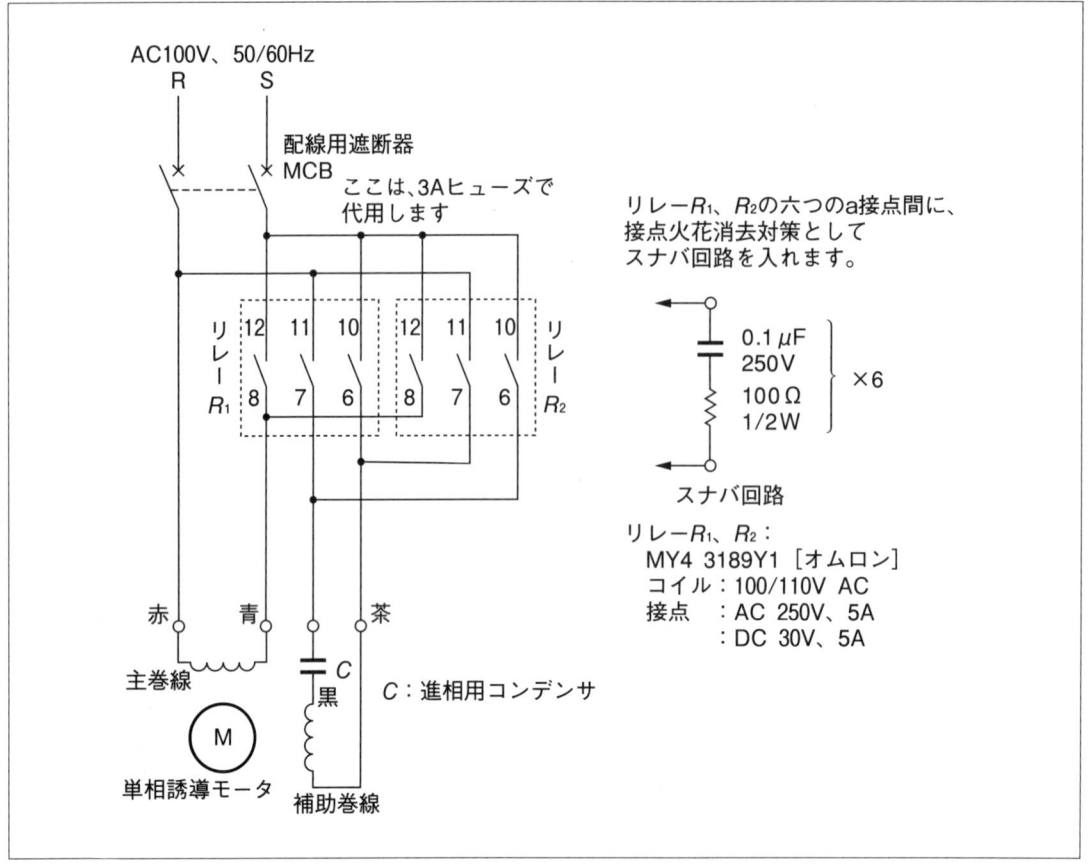

図7.3 単相誘導モータの正転・逆転回路

　図7.3は、リレーを二つ使用した単相誘導モータの正転・逆転回路です。図7.4にリレーR_1、R_2の端子台の接続を示します。図7.3には、3組のa接点をもった二つのリレーが記されていますが、図7.1の単相誘導モータの正転・逆転回路基板では、もう1組のb接点をもったリレーを使用します。

　リレーR_1 ON、リレーR_2 OFFで、単相誘導モータは正転し、R_1 OFF、R_2 ONで逆転します。

1 リレーの構造と動作

　リレーは、図7.5に示すように、電磁石を作るコイルと鉄心、電気回路の開閉を行う可動鉄片と接点とで構成されています。ここで、リレーの動作を見てみましょう。

① コイル端子に、AC100Vを印加します。
② コイルに電流が流れ、鉄心は電磁石になります。リレーのコイルに電流を流すことを、リレーを励磁するといいます。
③ 電磁石によって可動鉄片は吸引され、可動鉄片と連動するc接

7-1 | 赤外線リモコンによる単相誘導モータの正転・逆転制御回路

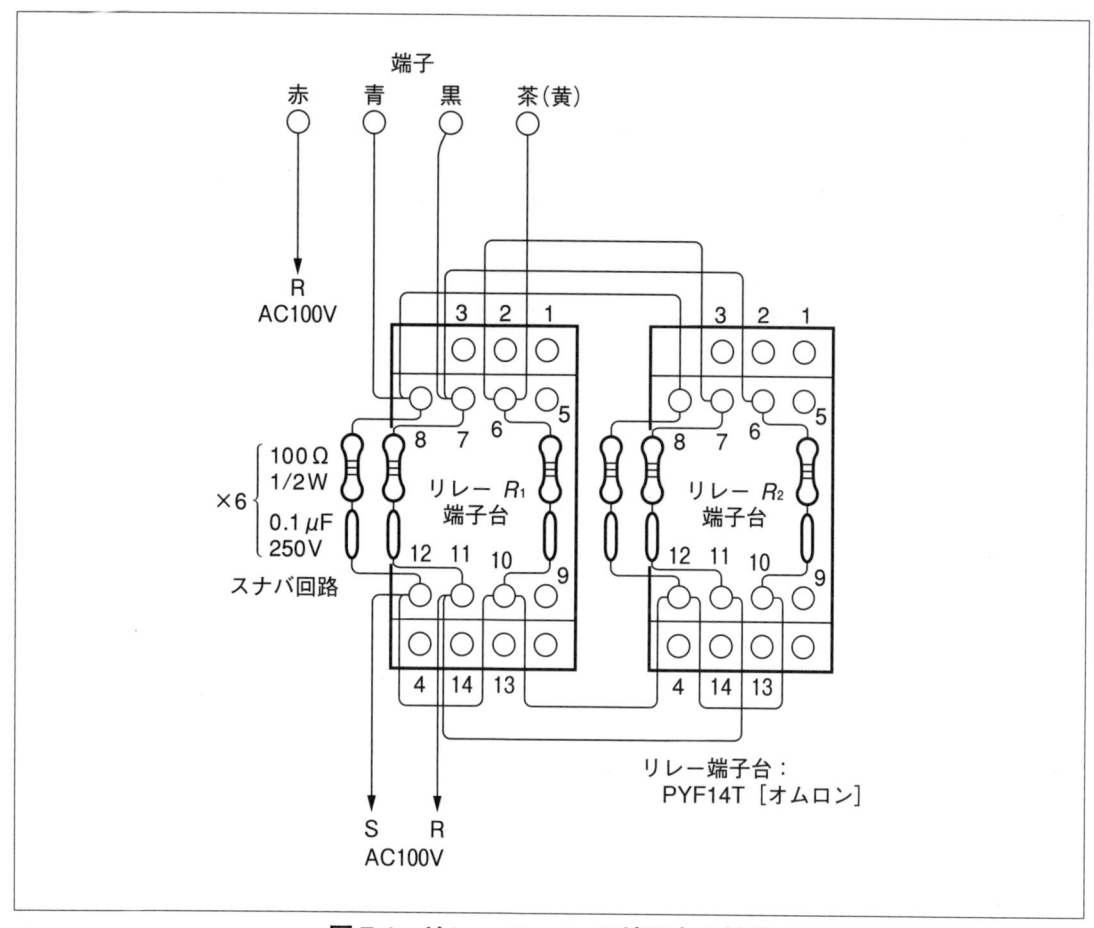

図7.4 リレー R_1、R_2 の端子台の接続

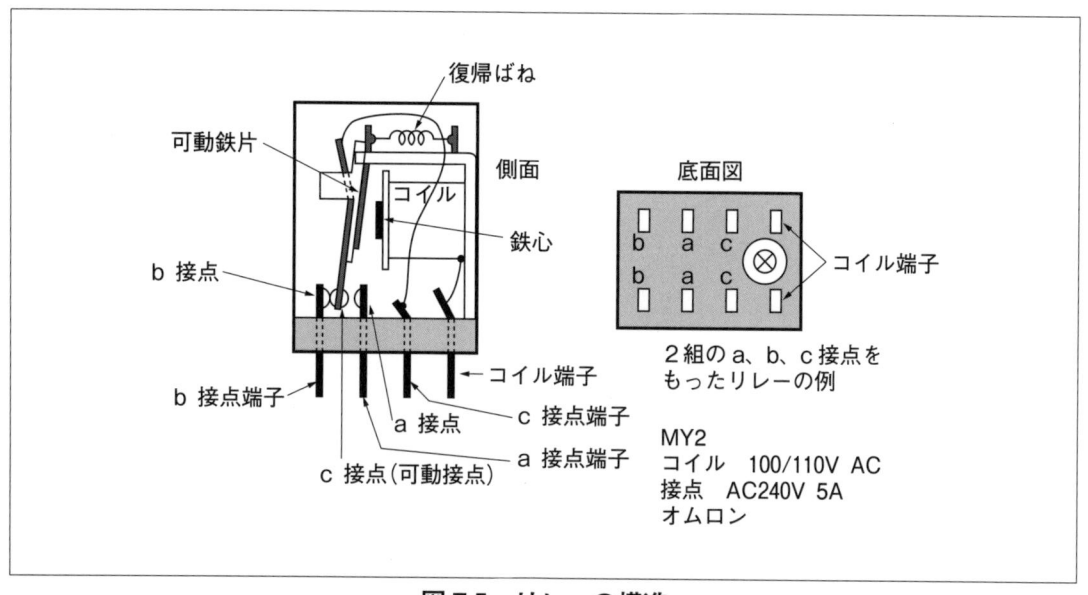

図7.5 リレーの構造

点（可動接点）はa接点とつながります。
④ 同時に、b接点とc接点は離れます。
⑤ AC100VをOFFにし、コイルの電流を切ります。コイルの電流を切ることを消磁するといいます。
⑥ 電磁石の吸引力はなくなり、c接点は復帰ばねの働きで図の状態に戻ります。

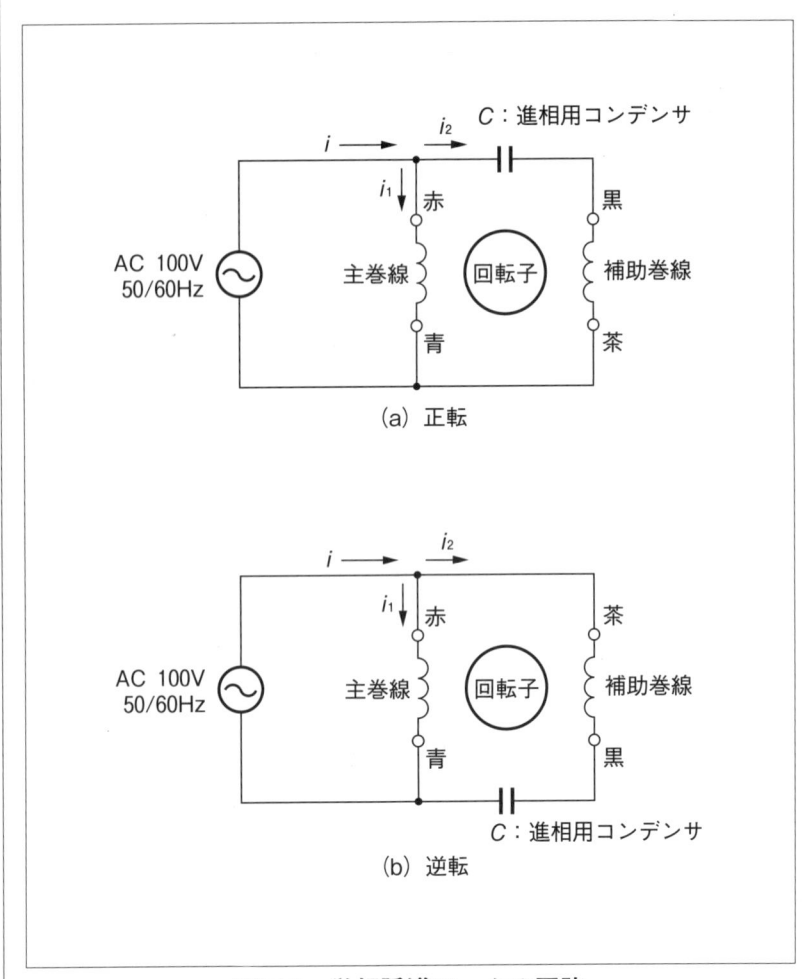

2 単相誘導モータの回路

単相誘導モータの回路は、図7.6に示すように、補助巻線に進相用コンデンサが直列に接続され、これらが主巻線と並列に接続されています。

図(a)を正転とすると、図(b)は逆転になります。図7.3の単相誘導モータの正転・逆転回路は、リレーR_1、R_2の切り替えによって、図7.6(a)、(b)の回路を作っています。

図7.6 単相誘導モータの回路

7-1 赤外線リモコンによる単相誘導モータの正転・逆転制御回路

　図7.7は、赤外線リモコンによる単相誘導モータの正転・逆転制御回路です。リレー R_1、R_2 の ON-OFF を制御するのに PIC を利用します。図に示すように、リレー R_1 のコイルと直列にリレー R_2 の b 接点、リレー R_2 のコイルと直列にリレー R_1 の b 接点を接続し、インタロック回路を形成しています。インタロック回路とは、一方の出力リレーが励磁されると、他方の回路が開いて動作できないようにする回路です。

　PIC の RB0 と RB1 はセンサ入力ピンで、ここでは押しボタンスイッチ PBS_1 と PBS_2 の ON-OFF で、センサ入力の代用としています。PBS_3 はリセットスイッチです。

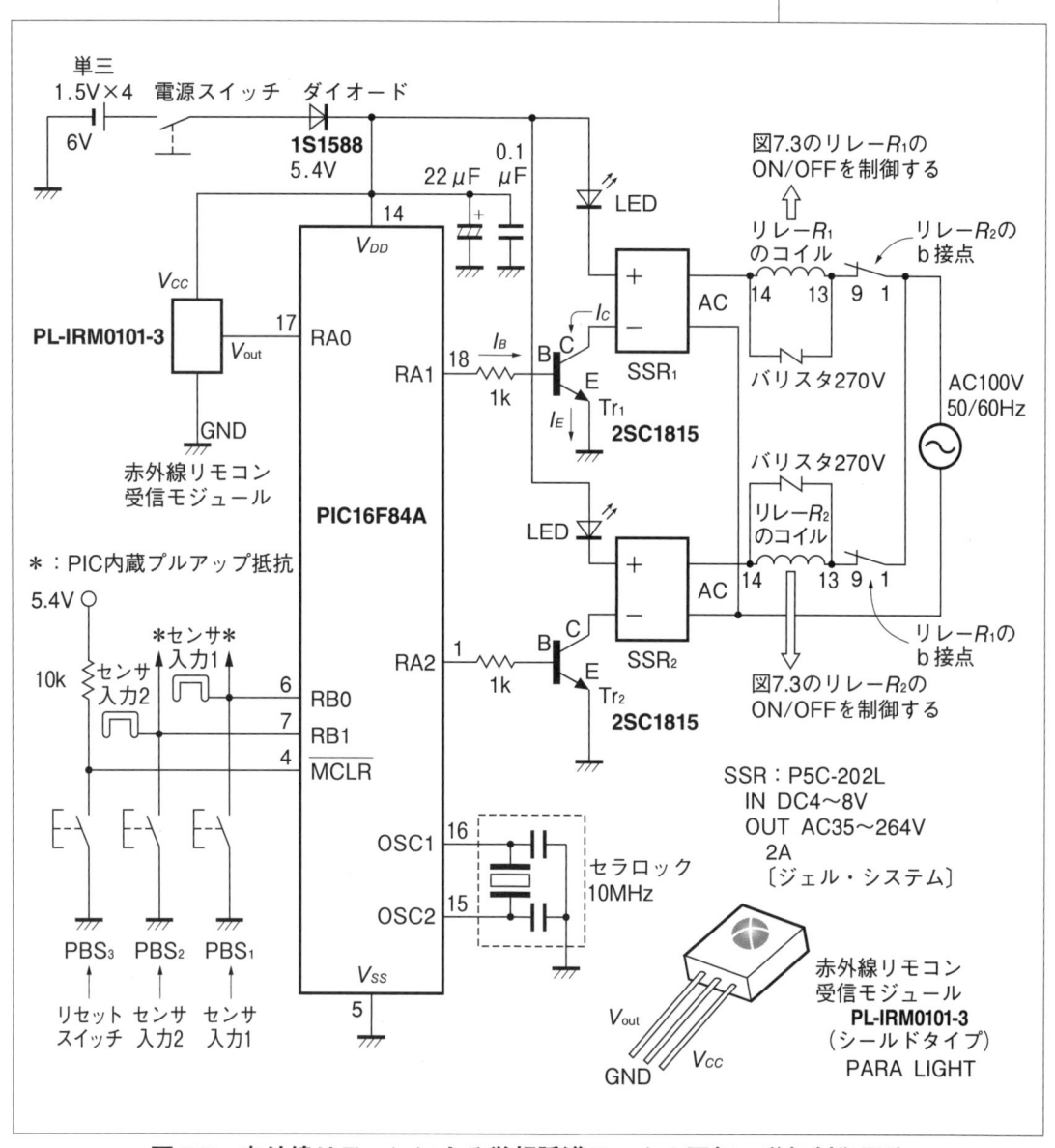

図 7.7 赤外線リモコンによる単相誘導モータの正転・逆転制御回路

第7章　赤外線リモコンによる単相誘導モータの正転・逆転制御

> **サージ電圧**
> コイルのインダクタンスを L とし、スイッチングの OFF 時の電流下降率を $\frac{di}{dt}$ とすると、スイッチング・サージ電圧 ΔV は次の式で表されます。
> $$\Delta V = L \times \frac{di}{dt} \,\text{[V]}$$

単相誘導モータの正転・逆転を切り替えるリレーの電圧は、AC100V であり、このため、交流負荷用の SSR を使用します。

トランジスタの ON-OFF 制御によって、SSR は ON-OFF 動作をし、同時にリレーのコイルを ON-OFF させています。リレーのコイルはインダクタンス成分を含むため、スイッチングの OFF 時に高いサージ電圧を発生します。リレーのコイルと並列にバリスタを入れてあるのは、サージ電圧を抑制するためです。また、図 7.3、図 7.4 において、リレーの a 接点間に RC のスナバ回路を入れているのは、接点火花消去対策です。サージ電圧の抑制と接点火花消去は、回路の保護と PIC 回路の誤作動防止に役だちます。

> **バリスタ**
> バリスタは、印加電圧によってその抵抗値が変化する電圧依存性抵抗であり、図のような電圧－電流特性をもっています。バリスタの特性は、印加電圧がある電圧（バリスタ電圧）を超えると、急にその抵抗値を低下させ、電流を流すようになります。このため、回路のサージ電圧を吸収することができます。バリスタ電圧 270V のバリスタ 23G271K の外観を示します。

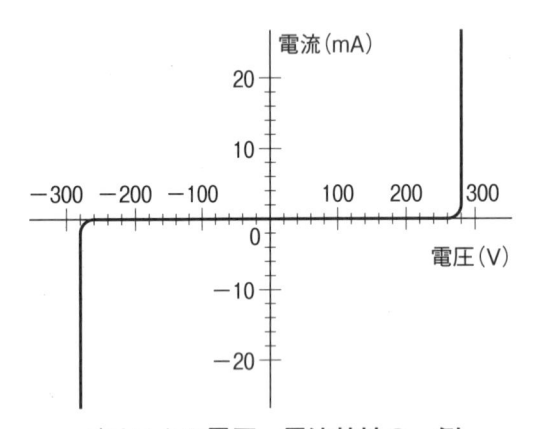

バリスタの電圧－電流特性の一例　　　バリスタ 23G271K

> **スナバ回路**
> 電流の流れを ON-OFF するスイッチング回路において、切り替わりの過渡状態で発生するサージ電圧や接点火花を防止する回路です。スナバ（snubber）とは「急停止させるもの」という意味の英語です。もっとも簡単な回路は、コンデンサと抵抗を直列に接続した RC スナバ回路です。

ここで、赤外線リモコンによる単相誘導モータの正転・逆転回路の動作を見てみましょう

> **回路の動作**
> ①赤外線リモコン受信モジュールは、赤外線リモコン送信機からの送信データを受信し、受信データに変換します。
> ②受信データが「正転」であれば、まず、PORTA をクリア（0）し、0.5 秒間 RA1 と RA2 の出力を "0" にします。
> ③続いて RA1 は "1"、RA2 は "0" にします。すると、RA1 の出力電圧により、トランジスタ Tr_1 にベース電流 I_B が流れ、電流増幅されたコレクタ電流 I_C が、直流電源のプラス極（5.4V）から、LED、SSR_1 の＋－端子間、および Tr_1 に流れます。I_B+

I_C はエミッタ電流 I_E になります。

④すると、SSR_1 は ON 状態になり、AC100V 電源からリレー R_2 の b 接点、リレー R_1 のコイル、SSR_1 の AC 回路に電流が流れます。

⑤リレー R_1 のコイルは励磁されるため、インタロック用のリレー R_1 の b 接点は開きます。

⑥同時に、図 7.3 のリレー R_1 の三つの a 接点は閉じるので、単相誘導モータは正転します。

⑦単相誘導モータが正転しているとき、赤外線リモコン受信モジュールは「逆転」の受信データを受信したとします。

⑧すると PORTA 出力 RA1 は"0"となり、0.5 秒後に RA2 は"1"になります。

⑨③、④と同様にして、RA2 の出力電圧により、Tr_2 と SSR_2 は ON となり、リレー R_2 は ON になります。

⑩⑤と同様に、リレー R_2 のコイルは励磁されるため、インタロック用のリレー R_2 の b 接点は開きます。

⑪リレー R_1 は OFF、リレー R_2 は ON になるので、図 7.3 のリレー R_1 の三つの a 接点は開き、リレー R_2 の三つの a 接点は閉じます。単相誘導モータは逆転します。

⑫センサ入力の代用として使用している押しボタンスイッチ PBS_1、あるいは PBS_2 の ON で単相誘導モータは停止します。また、リセットスイッチ PBS_3 も同じ働きをします。

図 7.8 は、教材として製作したベルトコンベヤの赤外線リモコンによる正転・逆転制御の様子です。

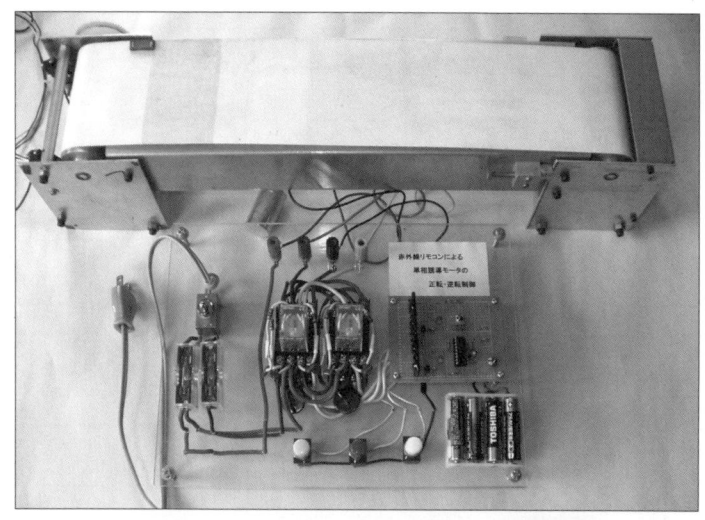

図 7.8 ベルトコンベヤの正転・逆転制御

7-2 単相誘導モータの正転・逆転制御回路基板の製作

　表7.1は、赤外線リモコンによる単相誘導モータの正転・逆転回路の部品リストです。

　図7.9は、単相誘導モータの正転・逆転制御回路基板です。各種センサ入力の実験ができるように、センサ入力端子を設けています。

表7.1　赤外線リモコンによる単相誘導モータの正転・逆転回路の部品リスト

部品	型番	規格等		個数	備考	単価（円）
PIC	PIC16F84A			1	マイクロチップテクノロジー	300
IC ソケット		18P		1	PIC用	20
赤外線リモコン受信モジュール	PL-IRM0101-3	f=38kHz シールドタイプ λp=940nm		1	PARA LIGHT 同等品代用可	110
セラロック	CSTLS-G	10MHz 3本足		1	村田製作所	40
SSR（ソリッドステートリレー）	P5C-202L ジェル・システム	IN：DC 4～8V OUT：AC35～264V/2A		2	D2W102F（日本インター）代用可	520
トランジスタ	2SC1815			2	東芝	20
LED		φ5／赤		2		20
ダイオード	1S1588			1	東芝	30
抵抗		10k	1/4W	1		5
		1k		2		5
		100Ω	1/2W	6		10
フィルムコンデンサ		0.1μF	250V	6		105
電解コンデンサ		22μF	16V	1		25
積層セラミックコンデンサ		0.1μF	50V	1		10
バリスタ	23G271k	バリスタ電圧270V		2	同等品代用可	260
ユニバーサル基板	ICB-93S			1	サンハヤト	90
単三形電池ボックス		平4本形		1		190
電池プラグケーブル				1	電池スナップ	40
単三形乾電池				4		40
トグルスイッチ	MS243	2P		1	ミヤマ	160
	S-21B	2P×2/125V/10A		1	nikkai	340
出力用端子	T-3025	赤・青・黒・黄 サトーパーツ		各1（4個）	陸式ターミナルで代用可	130
管ヒューズ		3A		2		40
ヒューズボックス		250V/10A		2	サトーパーツ	210
リレー	MY4 3189Y1	コイル：100/110V AC 接点：AC250V, 5A		2	オムロン	920
リレー端子台	PYF14T			2	オムロン	680
押しボタンスイッチ	形A2A	AC125V/3A 黄・青・白		各1（3個）	オムロン 同等品代用可	200
差込みプラグ	WH4415	125V/15A		1	ナショナル	105
アクリル板		300×225×5mm		1		700
単相誘導モータ	IH8S15	100V　15W		1	日本サーボ	5355
平形ビニルコード		7A　1m		1		65/m
ビス・ナット		5×30mm		各4		25、12
		4×20mm		各6		16、8
		3×25mm		各4		10、5
ナット		3mm		8		5
その他		リード線、すずめっき線など				

7-2 単相誘導モータの正転・逆転制御回路基板の製作

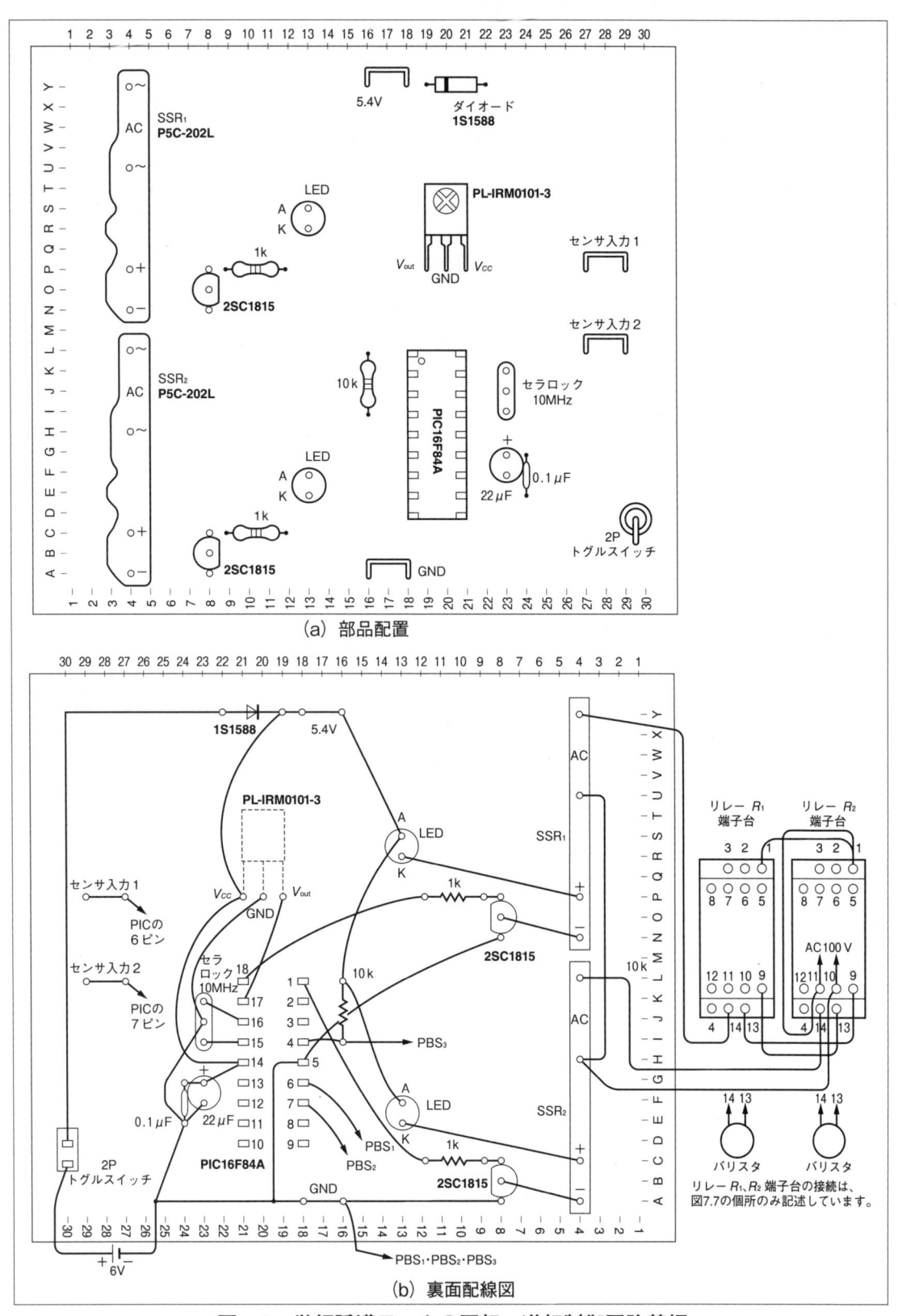

(a) 部品配置

(b) 裏面配線図

図7.9 単相誘導モータの正転・逆転制御回路基板

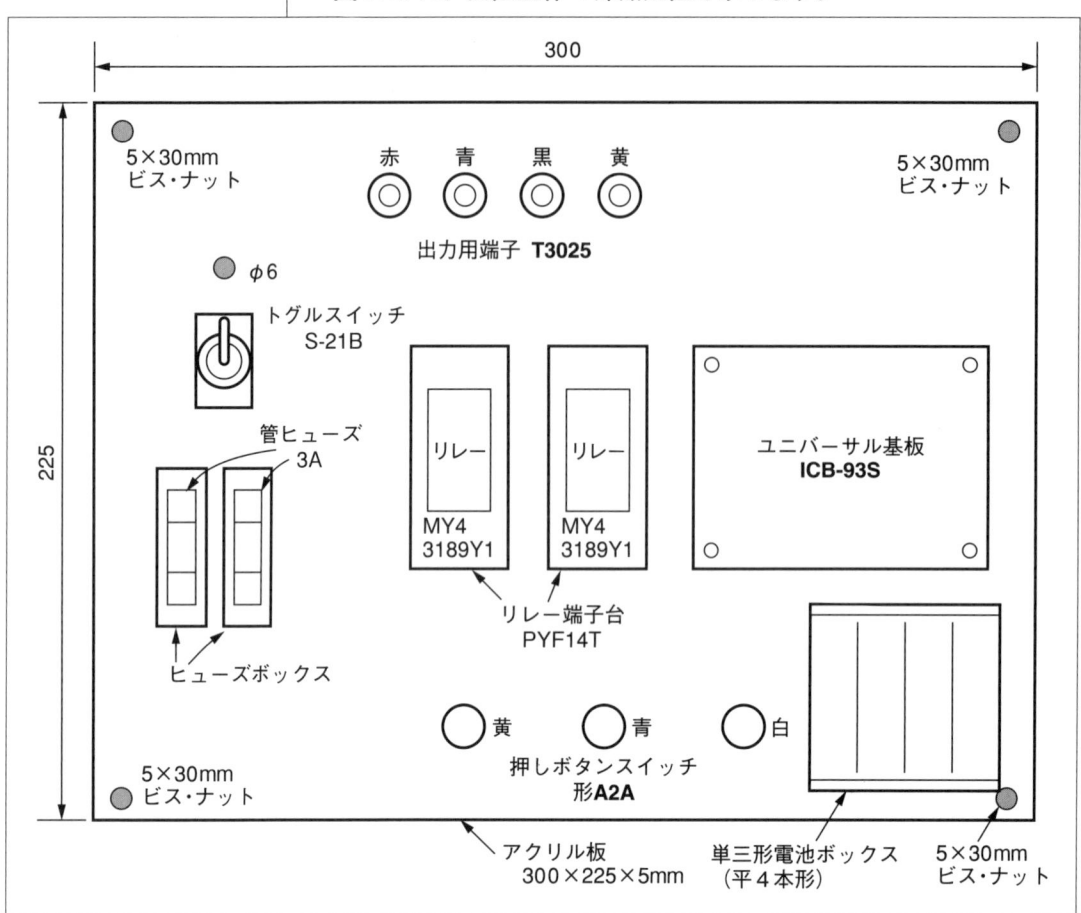

図 7.10 に、装置全体の部品配置を示します。

図 7.10　装置全体の部品配置

■**プログラムについて**

　プログラムは、第 1 章赤外線リモコンによる電球の点滅制御と同じです。送信回路は**プログラム 1.1**、単相誘導モータの正転・逆転回路のプログラムは、**プログラム 1.2** を使用します。

7-3 各種センサ回路の製作

図 7.7 において、単相誘導モータが回転しているとき、押しボタンスイッチ PBS_1 あるいは PBS_2 を押すと、単相誘導モータは停止します。これは、押しボタンスイッチを ON にすると、PIC の RB0 あるいは RB1 ピンが "H" から "L" になり、RB0 や RB1 ピンが "L" になると、単相誘導モータが停止するプログラムが組まれているからです。

次に紹介する各種センサ回路は、通常その出力端子は "H" になっていて、センサが動作すると "L" になる回路です。

1 CdS セル回路

表 7.2 は、CdS セル回路の部品リストです。

表 7.2 CdS セル回路の部品リスト

部品	型番	規格等		個数	備考	単価（円）
オペアンプ	NJM2904	LM358 代用可		1	JRC	40
IC ソケット		8P		1	オペアンプ用	20
半固定抵抗	CT-6P	10k	基板用小型	1	同等品代用可	80
CdS セル	P1201			1	浜松ホトニクス 同等品代用可	40
抵抗		22k	1/4W	1		5
		4.7k		1		5
ユニバーサル基板	ICB-88			1	サンハヤト	90
その他		リード線、すずめっき線など				

図 7.11 は、CdS セル回路です。その回路基板を図 7.12 に示します。

実測値をもとに、CdS セル回路の動作原理を見てみましょう。

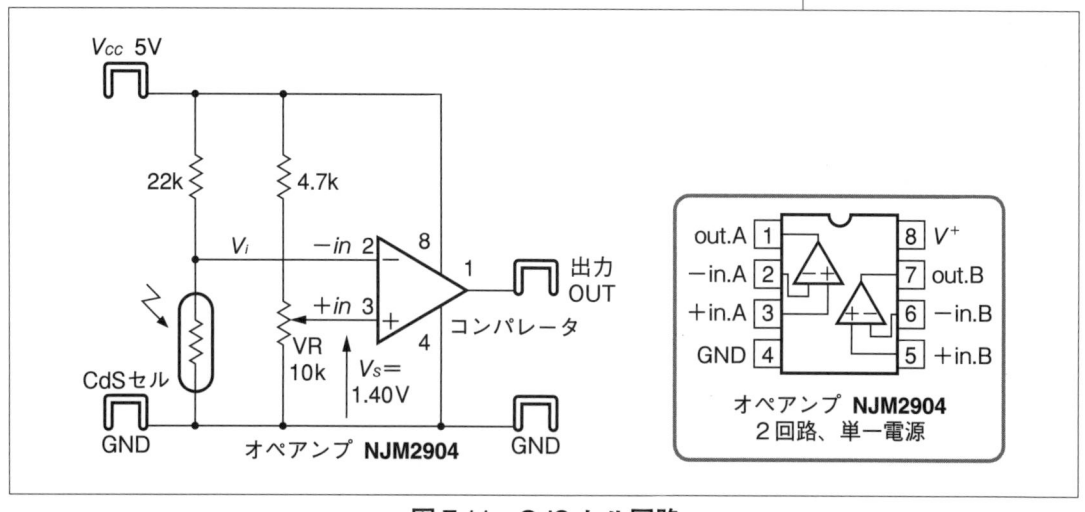

図 7.11 CdS セル回路

第7章　赤外線リモコンによる単相誘導モータの正転・逆転制御

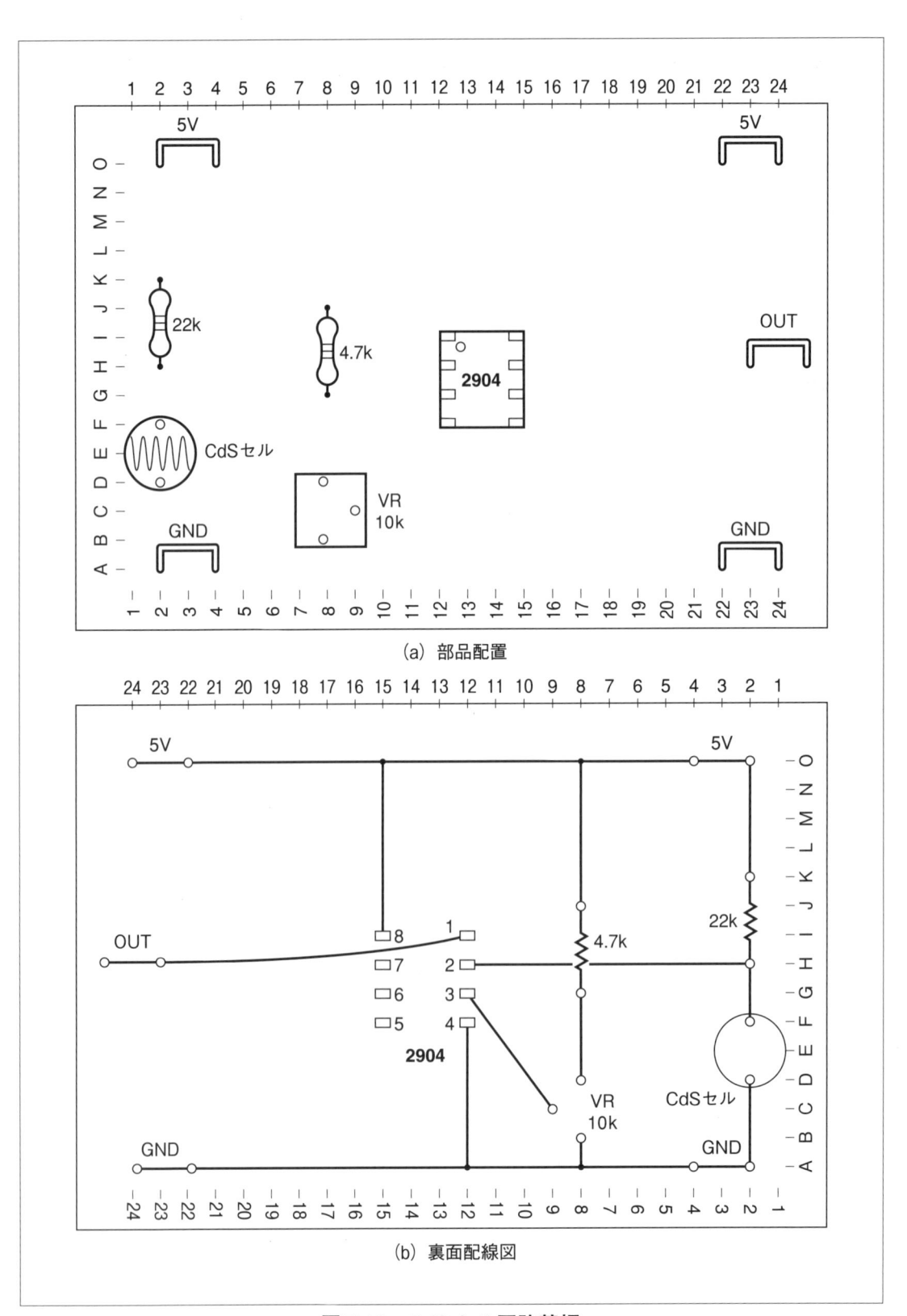

(a) 部品配置

(b) 裏面配線図

図7.12　CdSセル回路基板

7-3 各種センサ回路の製作

> **回路の動作**
>
> ①ボリューム VR を調整し、コンパレータの比較基準電圧 V_s を 1.40V にします。
> ②CdS セルの受光面が明るいとき、光導電効果が大きいので、CdS セルの抵抗は小さくなります。
> ③すると、CdS セルの抵抗と 22kΩ の直列抵抗によって V_{cc}=5V を分圧し、CdS セルの両端の電圧、すなわち、コンパレータの入力電圧 V_i は V_s=1.40V より小さくなっています。
> ④コンパレータの入力電圧は $V_s>V_i$ となるので、コンパレータの出力電圧は飽和出力電圧 V_{OH}≒3.8V になっています。すなわち、出力は "H" の状態です。
> ⑤次に、CdS セルの受光面が暗くなると、光導電効果が小さくなり、CdS セルの抵抗は大きくなります。
> ⑥大きくなった CdS セルの抵抗と 22kΩ の直列抵抗による V_{cc} の分圧により、$V_i>V_s$ になると、コンパレータの出力電圧は V_{OH}≒3.8V から 0V に反転します。すなわち、"H" から "L" になります。
> ⑦この "L" が、情報として PIC の入力ピンに取り入れられます。

> **コンパレータ**
>
> コンパレータは電圧比較器ともいって、オペアンプの二つの入力端子の電圧を比較し、どちらの電圧が相対的に高いか、あるいは低いかを検出する回路です。図は、単一電源方式のコンパレータの基本回路です。NJM2904 のような単一電源方式のオペアンプの場合、+in の電圧＞−in の電圧では、出力は "H"、−in の電圧＞+in の電圧では、出力は "L" になります。
>
> $V_i>V_s$ で出力は "H"
> $V_s>V_i$ で出力は "L"
>
> 比較基準電圧

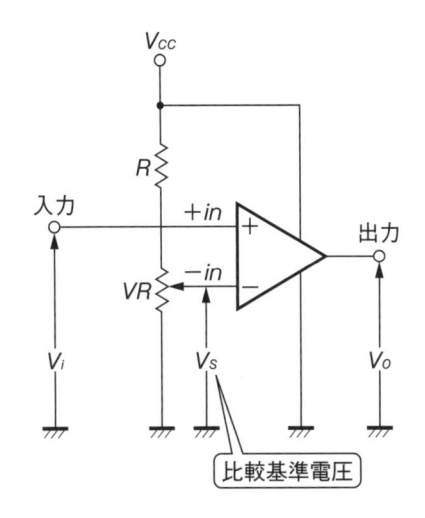

2 音スイッチ回路

表7.3は、音スイッチ回路の部品リストです。

表7.3　音スイッチ回路の部品リスト

部品	型番	規格等		個数	備考	単価（円）
オペアンプ	NJM2904	LM358 代用可		1	JRC	40
IC ソケット		8P		1	オペアンプ用	20
コンデンサマイク		φ10		1		150
半固定抵抗	CT-6P	10k	基板用小型	1	同等品代用可	80
抵抗		180k	1/4W	1		5
		2.7k		1		5
		1.5k		2		5
		1k		1		5
電解コンデンサ		33μF	16V	1		25
ユニバーサル基板	ICB-88			1	サンハヤト	90
その他		リード線、すずめっき線など				

コンデンサマイク

コンデンサマイクの内部には、音波に応じて振動する導電性フィルムの振動板があり、この振動板と背面の固定電極がコンデンサを形成します。そして、電界効果トランジスタ（FET）を内蔵しています。これらの働きにより、音波の空気振動を交流電圧に変換します。

図7.13は、音センサとしてコンデンサマイクを使った音スイッチ回路です。

図7.13において、コンデンサマイクに入った音は、多くの周波数成分を含んだ交流電圧に変換され、非反転増幅回路 OP_1 で増幅されます。この OP_1 は単一電源方式なので、$+in$ のバイアス電圧は0になっています。このため、出力波形は負方向の下半分がカットされた形になります。したがって、入出力電圧の正方向だけで電圧増幅度 A_f を求めると、次のようになります。

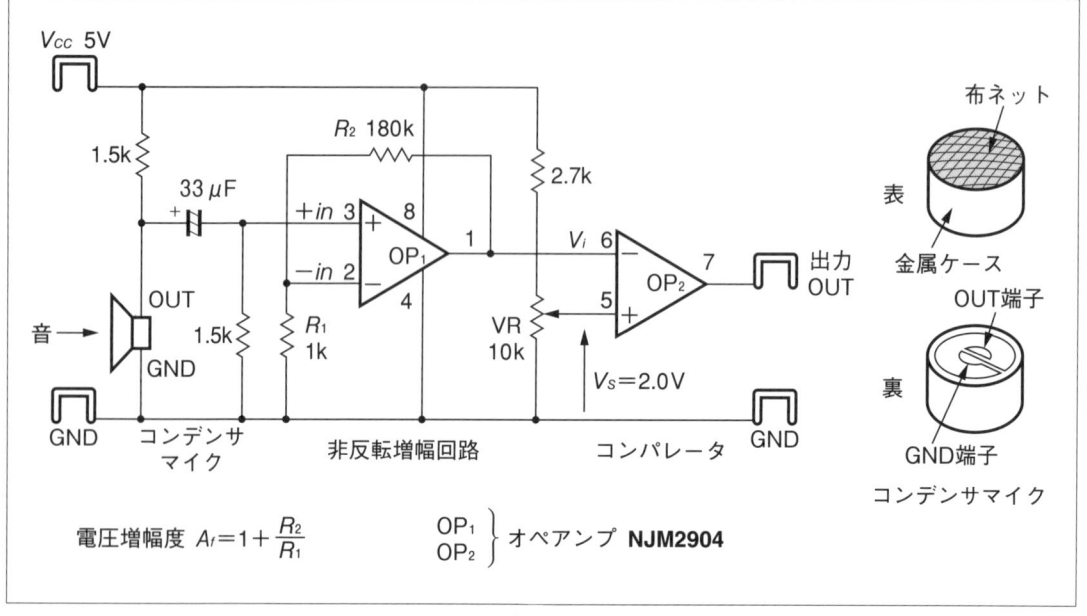

電圧増幅度 $A_f = 1 + \dfrac{R_2}{R_1}$

$\left.\begin{array}{l} OP_1 \\ OP_2 \end{array}\right\}$ オペアンプ **NJM2904**

図7.13　音スイッチ回路

$$A_f = 1 + \frac{R_2}{R_1} = 1 + \frac{180\text{k}}{1\text{k}} = 181$$

図7.13と、図7.14のかしわ手を打ったときの波形イメージをもとに、音スイッチ回路の動作原理を見てみましょう。

(a) 非反転増幅回路 OP_1 入力 +in ③番ピンの波形

(b) OP_1 の出力①番ピン波形

(c) コンパレータ OP_2 出力⑦番ピン波形

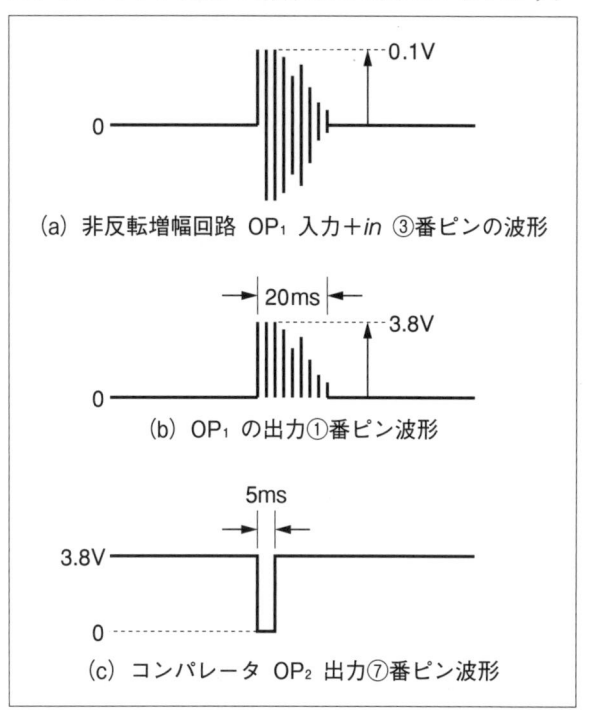

図7.14 かしわ手を打ったときの波形イメージ

> **非反転増幅回路**
>
> 図は、オペアンプによる非反転増幅回路の基本回路です。この回路は抵抗 R_1、R_2 による帰還回路によって、出力電圧 V_o の一部（V_f）を反転入力端子（−in）に戻しています。このように、実質的な入力電圧が小さくなるような帰還のかけ方を負帰還といいます。電圧増幅度 A_f は
>
> $$A_f = \frac{V_o}{V_i} = 1 + \frac{R_2}{R_1}$$
>
> となります。
>
> 電圧増幅度 $A_f = \frac{V_o}{V_i} = 1 + \frac{R_2}{R_1}$

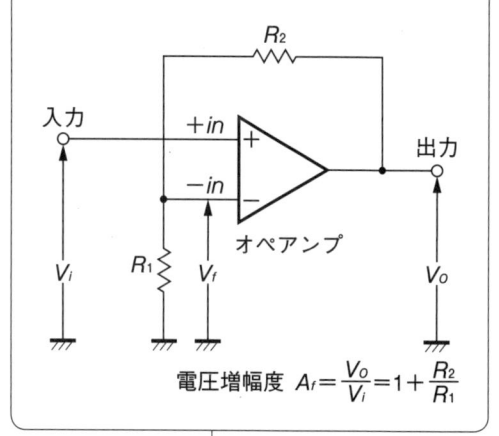

回路の動作

①ボリューム VR を調整し、コンパレータ OP_2 の比較基準電圧 V_s を 2.0V にします。このとき、$V_s = 2.0\text{V} > V_i = 0$ なので、OP_2 の出力電圧は飽和出力電圧 $V_{OH} ≒ 3.8\text{V}$ になっています。

②コンデンサマイクの近くで、かしわ手を一つ打ちます。すると、音は図7.14（a）に示すような交流電圧に変換され、オペアンプ OP_1 で増幅されます。

③ OP_1 の電圧増幅度 A_f は $A_f = 181$ なので、OP_1 の出力電圧は $0.1 \times 181 = 18.1\text{V}$ のように計算できますが、電源電圧 $V_{CC} = 5\text{V}$ なので、OP_1 の出力電圧は飽和出力電圧 $V_{OH} ≒ 3.8\text{V}$ になります（図7.14（b））。

④コンパレータ OP_2 の二つの入力端子の電圧は、$V_s = 2.0\text{V}$、$V_i = 3.8\text{V}$ になるので、すなわち、−in の電圧 $V_i >$ +in の電圧 V_s により、OP_2 の出力電圧は $V_{OH} ≒ 3.8\text{V}$（H）から 0V（L）に反転します（図7.14（c））。

第7章 赤外線リモコンによる単相誘導モータの正転・逆転制御

図7.15は、音スイッチ回路基板です。

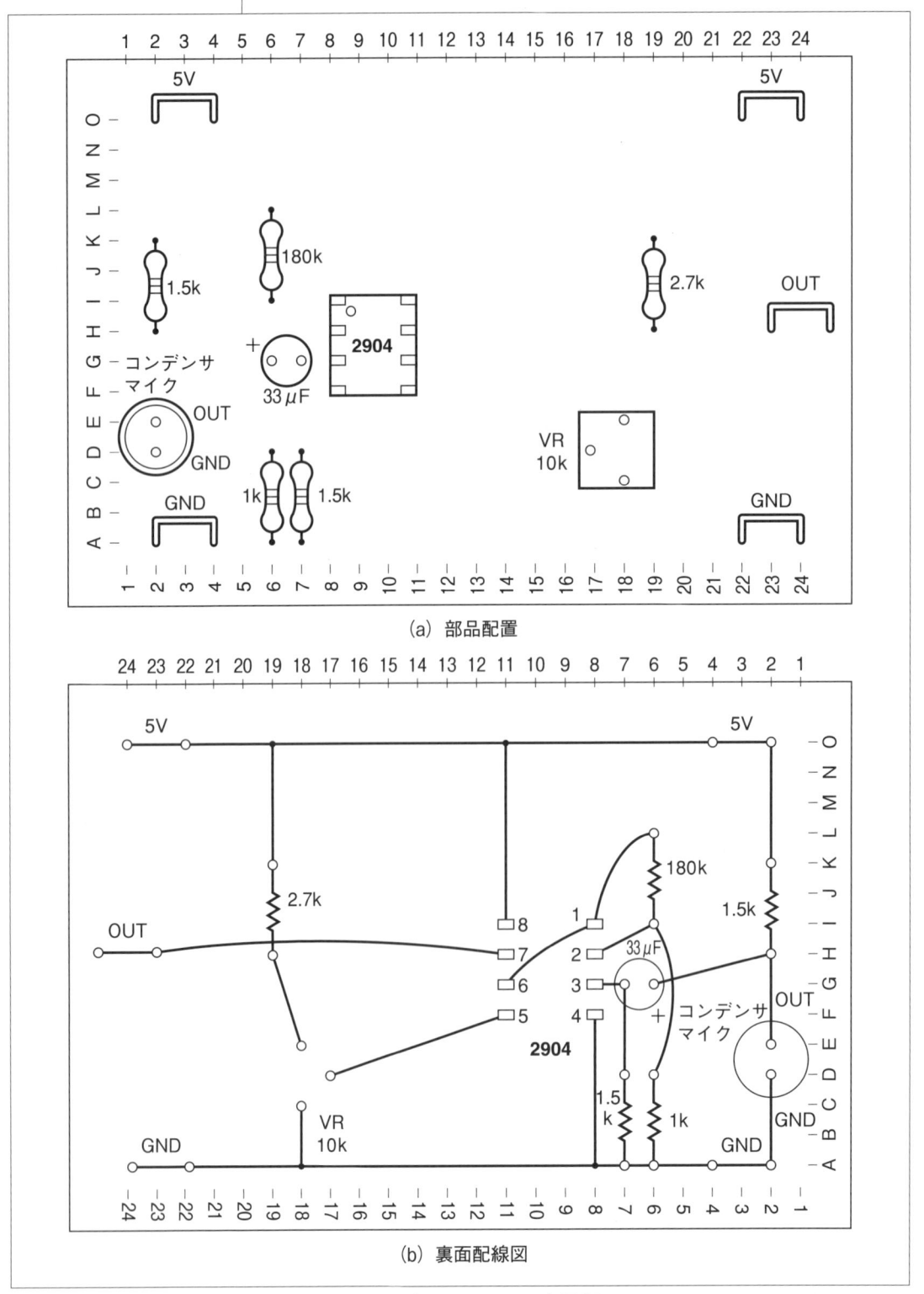

(a) 部品配置

(b) 裏面配線図

図7.15 音スイッチ回路基板

3 衝撃検知回路

表7.4は、衝撃検知回路の部品リストです。

表7.4 衝撃検知回路の部品リスト

部品	型番	規格等		個数	備考	単価（円）
オペアンプ	NJM2904	LM358代用可		1	JRC	40
ICソケット		8P		1		20
衝撃センサ	PKS1-4A1			1	村田製作所	500
半固定抵抗	CT-6P	10k	基板用小型	1	同等品代用可	80
抵抗		1M	1/4W	1		5
		51k		1		5
		10k		2		5
		1k		1		5
電解コンデンサ		10μF	16V	2		25
積層セラミックコンデンサ		0.01μF	50V	1		10
ユニバーサル基板	ICB-88			1	サンハヤト	90
その他		リード線、すずめっき線など				

図7.16は、衝撃センサ（ショックセンサ）を使用した衝撃検知回路です。図7.17に、衝撃センサの構造例を示します。

衝撃センサは、わずかな衝撃、すなわち機械的振動を電気振動に変換するものです。図7.17はユニモルフ型の衝撃センサの構造例で、電極間に厚さ方向に分極した圧電セラミックスがあります。ユニモルフと呼ばれる1枚の圧電セラミックスが、機械的振動によって圧縮もしくは引張りの応力を受けることにより、電極端子に交流電圧を発生します。これは圧電直接効果です。この交流電圧を増幅します。

図7.16の衝撃検知回路の動作原理を、各部の概略波形をもとに見てみましょう。

衝撃センサ PKS1-4A1

PKS1-4A1の用途
1. 自動車（ドアに取り付け）の盗難防止
2. ドアや窓からの侵入検知
3. ショーウィンドや金庫の盗難防止
4. 機器の振動検知

（村田製作所の資料より）

圧電効果

衝撃センサや超音波センサは、圧電セラミックスの圧電効果を利用します。圧電効果には、圧電直接効果と圧電逆効果があります。圧電直接効果は、圧電素子の特定の方向に力をかけて形をひずませると、片側に＋、反対側に－の電気が現れることです。圧電逆効果は、圧電素子に電圧をかけると形がひずむことです。衝撃センサは、圧電直接効果を利用します。また、超音波送波器は圧電逆効果、超音波受波器は圧電直接効果を利用します。

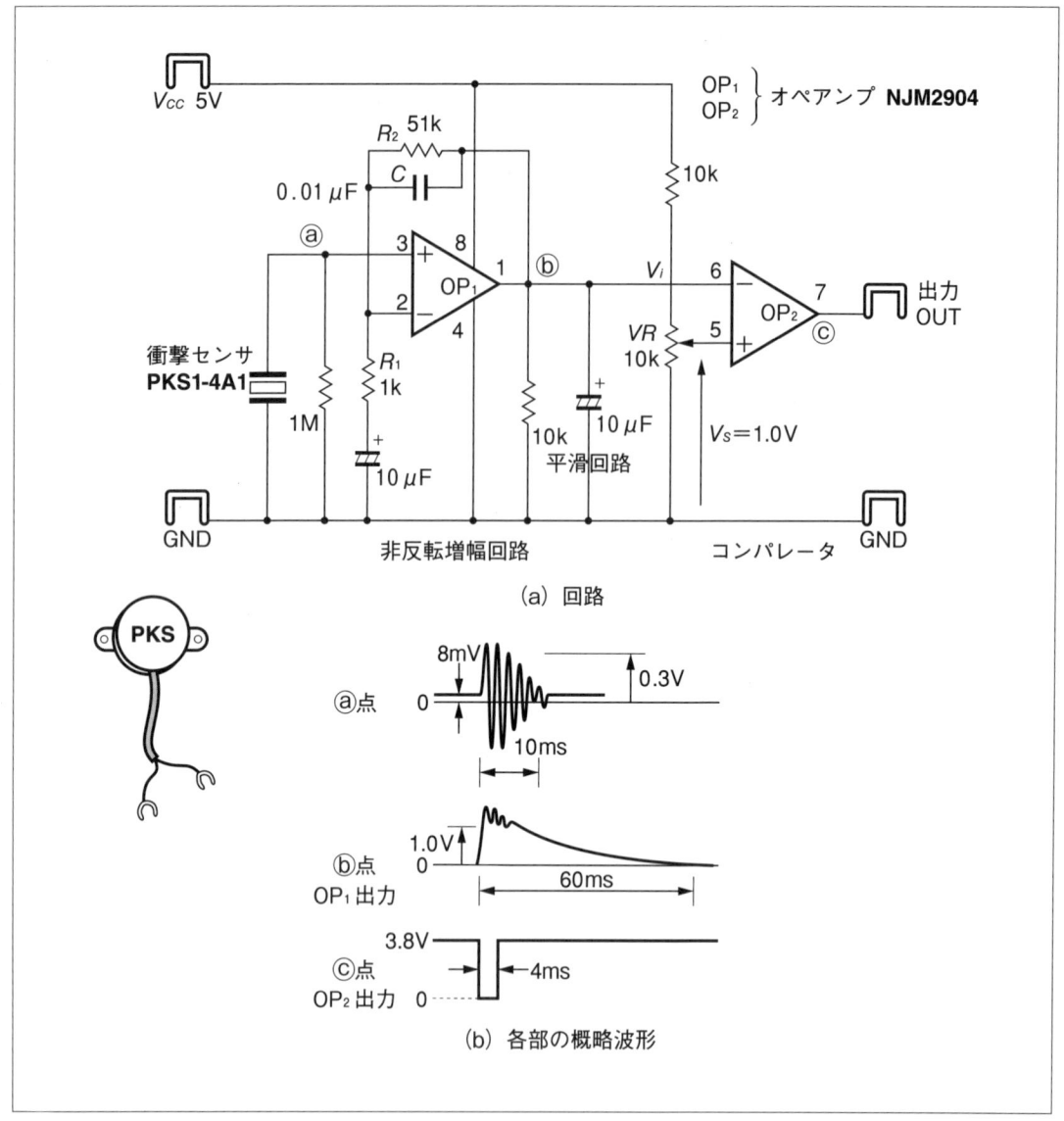

第7章 赤外線リモコンによる単相誘導モータの正転・逆転制御

(a) 回路

(b) 各部の概略波形

図7.16 衝撃検知回路

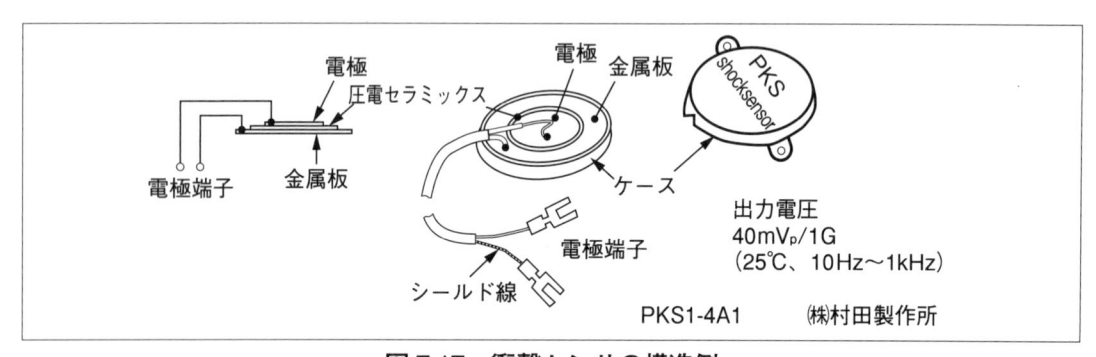

図7.17 衝撃センサの構造例

> **回路の動作**
>
> ① ボリューム VR を調整し、コンパレータ OP_2 の比較基準電圧 V_s を 1.0V にします。このとき、$V_s=1.0V>V_i=0$ なので、OP_2 の出力電圧は飽和出力電圧 $V_{OH}≒3.8V$ になっています。
>
> ② センサ部にわずかな衝撃が加わると、圧電直接効果によって、ⓐ点には多くの周波数成分を含んだ交流電圧が発生します。
>
> ③ OP_1 の非反転増幅回路によって、ⓐ点の交流電圧は増幅されるが、ⓐ点は 0 バイアスになっているため、正方向の交流電圧だけが増幅されます。
>
> ④ この非反転交流増幅回路はローパスフィルタの働きもあり、高い周波数成分をカットします。遮断周波数 f_c は次のように計算できます。
>
> $$f_c = \frac{1}{2\pi CR_2} = \frac{1}{2\times 3.14 \times 0.01 \times 10^{-6} \times 51 \times 10^3} ≒ 312 \text{〔Hz〕}$$
>
> ⑤ OP_1 の出力側には平滑回路があるため、ⓑ点の波形は図のようになります。
>
> ⑥ ⓑ点の電圧 V_i が、コンパレータ OP_2 の $V_s=1.0V$ を超えると、$V_i>V_s$ になるので、OP_2 の出力電圧は、$V_{OH}≒3.8V$（H）から 0V（L）に反転します。

第7章 赤外線リモコンによる単相誘導モータの正転・逆転制御

図7.18は、衝撃検知回路基板です。

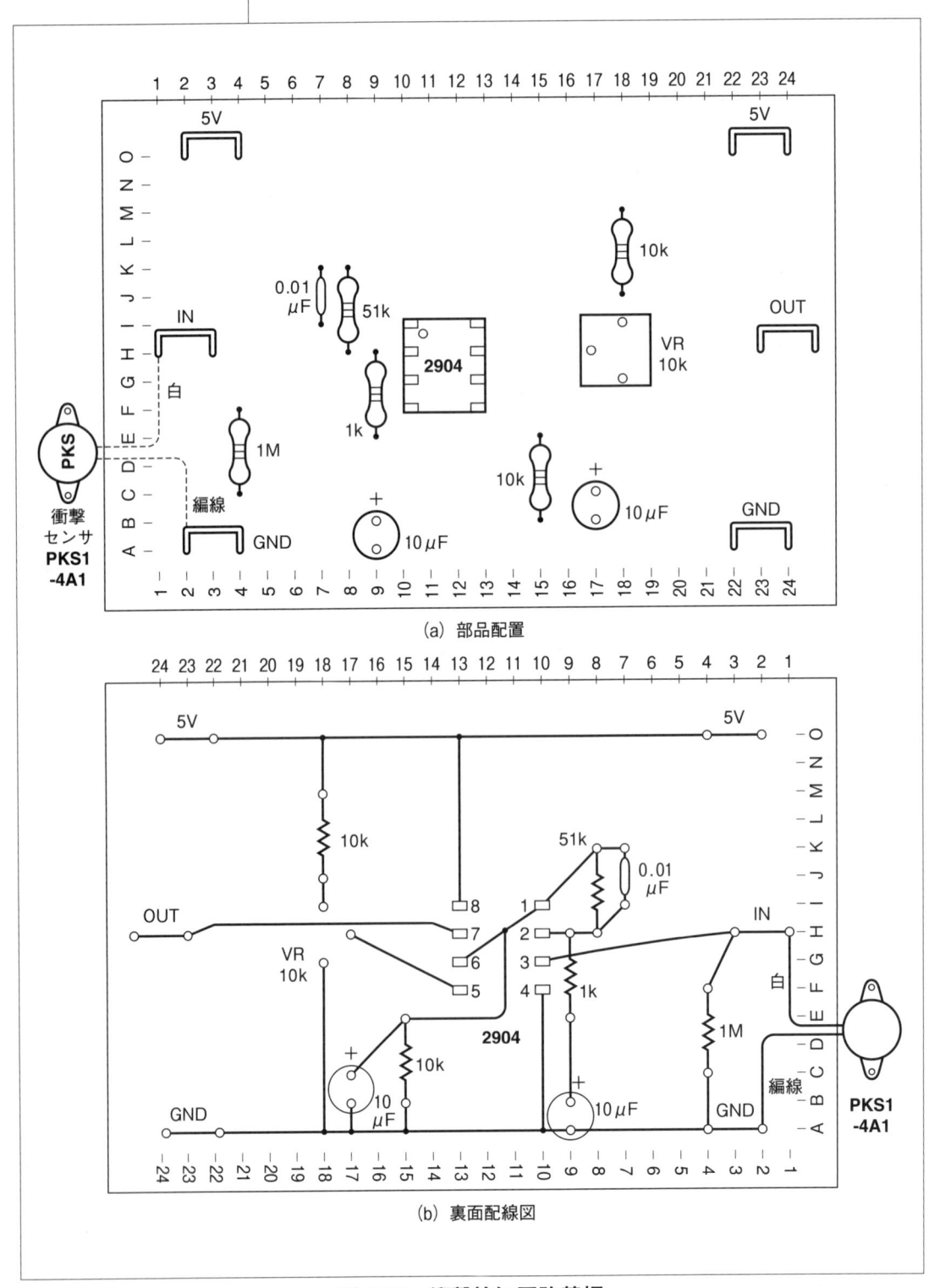

(a) 部品配置

(b) 裏面配線図

図7.18 衝撃検知回路基板

4 フォトインタラプタ回路

表 7.5 は、フォトインタラプタ回路の部品リストです。

表 7.5　フォトインタラプタ回路の部品リスト

部品	型番	規格等		個数	備考	単価（円）
フォトインタラプタ	TLP507A			1	東芝 同等品代用可	130
インバータ	74LS00			1	74HC00 代用可	40
IC ソケット		14P		1	74LS00 用	20
抵抗		3.3k	1/4W	1		5
		470Ω		1		5
ユニバーサル基板	ICB-88			1	サンハヤト	90
その他		リード線、すずめっき線など				

　図 7.19 は、フォトインタラプタとインバータによるフォトインタラプタ回路です。透過形のフォトインタラプタ TLP507A は、図の左側の凸部に赤外発光ダイオード（赤外 LED）、右側の凸部にフォトトランジスタが、同一光軸上に向かい合って埋め込まれています。赤外 LED の発する近赤外線を、フォトトランジスタで受光するしくみになっています。

　NAND IC 74LS00 を利用したインバータは、信号反転器として働き、入力が"H"なら出力は"L"、入力が"L"なら出力は"H"に反転します。

　ここで、図 7.19 のフォトインタラプタ回路の動作原理を見てみましょう。

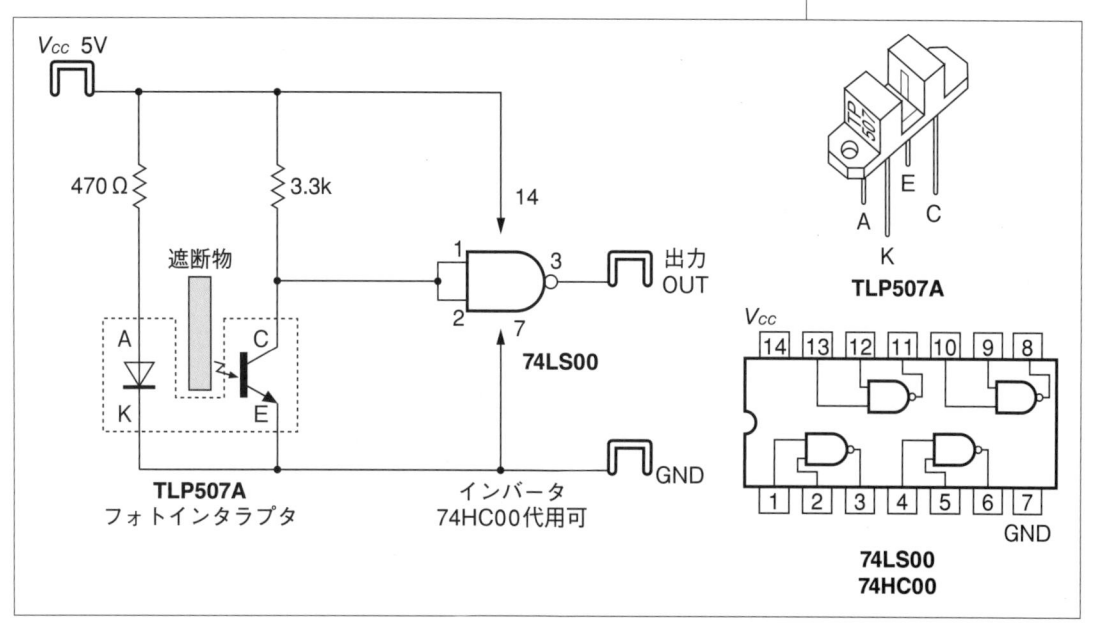

図 7.19　フォトインタラプタ回路

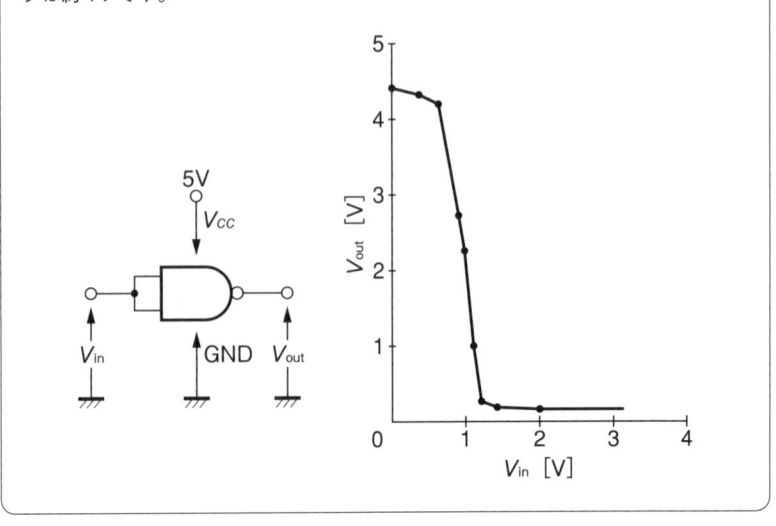

第7章 赤外線リモコンによる単相誘導モータの正転・逆転制御

回路の動作

① フォトインタラプタの赤外LEDには8mA程度の電流が流れ、近赤外線を発光しています。

② しかし、遮断物があるので、フォトトランジスタには近赤外線は届かず、フォトトランジスタはOFF状態です。

③ このため、フォトトランジスタのコレクタ電圧は5Vの"H"になります。

④ このとき、インバータの入力は"H"なので、インバータ出力はほぼ0Vの"L"になります。

⑤ 遮断物を取り去ると、赤外LEDの近赤外線により、フォトトランジスタはON状態になります。

⑥ フォトトランジスタのコレクタ電流が3.3kΩの抵抗に流れ、コレクタ電圧は約0.78Vの"L"になります。

⑦ インバータ入力は"L"になるので、インバータ出力は約4.3Vの"H"に反転します。

インバータの入出力電圧特性

図は、74LS00インバータの入出力電圧特性です。入力電圧 V_{in} を徐々に上昇させ、出力電圧 V_{out} が入力電圧の何ボルトで反転するかを表しています。出力の論理が反転するときの入力電圧を、スレショルド電圧といい、74LS00インバータは約1Vです。

7-3 各種センサ回路の製作

図 7.20 は、フォトインタラプタ回路基板です。

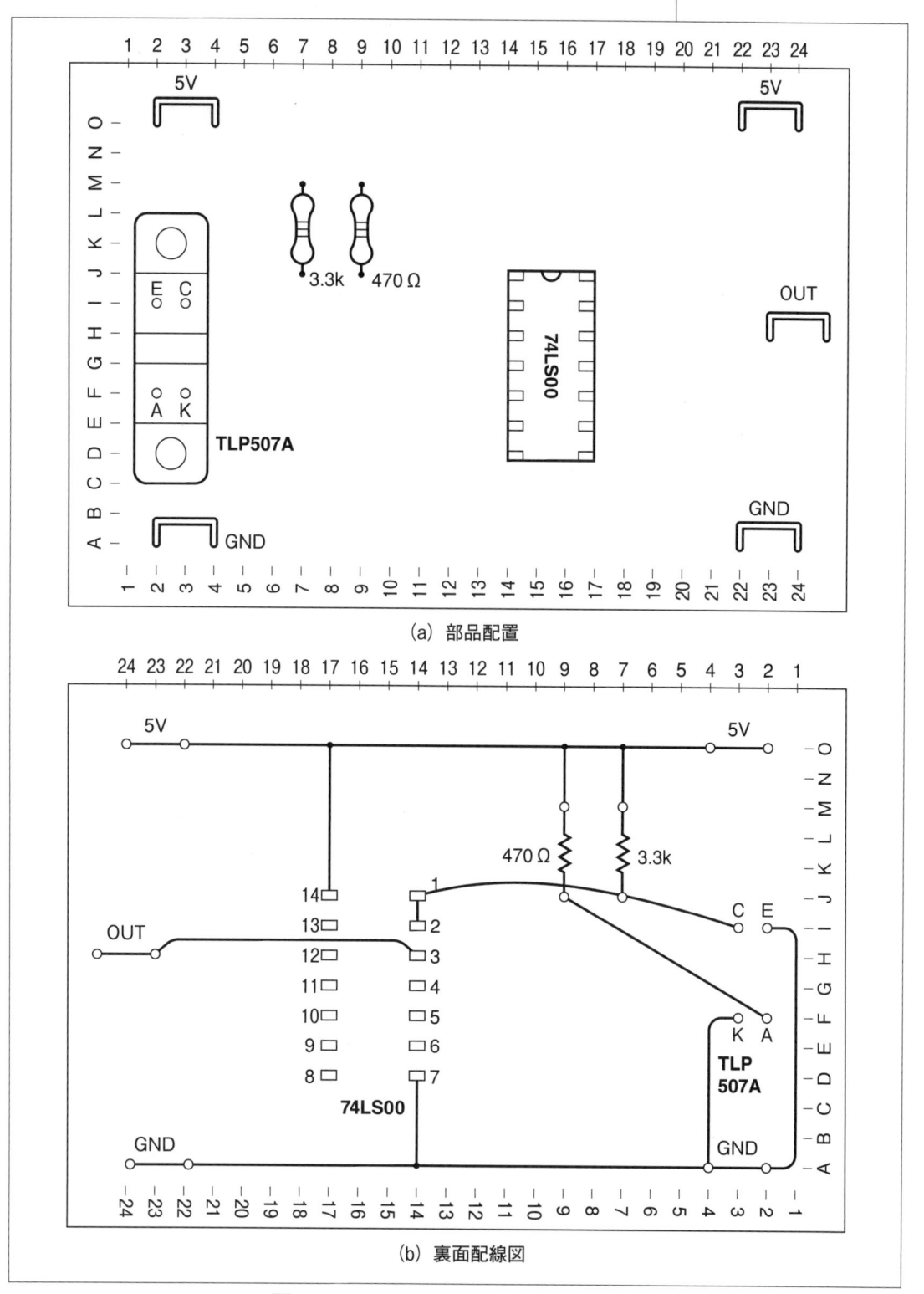

(a) 部品配置

(b) 裏面配線図

図 7.20 フォトインタラプタ回路基板

5 IC化温度センサ回路

表7.6は、IC化温度センサ回路の部品リストです。

表7.6 IC化温度センサ回路の部品リスト

部品	型番	規格等		個数	備考	単価(円)
IC化温度センサ	LM35DZ			1	ナショナルセミコンダクタ	250
オペアンプ	NJM2904	LM358代用可		1	JRC	40
ICソケット		8P		1	オペアンプ用	20
半固定抵抗	CT-6P	20k	基板用小型	1		80
抵抗		12k	1/4W	1		5
		8.2k		1		5
		3k		1		5
ユニバーサル基板	ICB-88			1	サンハヤト	90
その他		リード線、すずめっき線など				

図7.21は、IC化温度センサ LM35DZ を使用したIC化温度センサ回路です。LM35DZは、1℃当たり10.0mVという温度に比例した電圧を出力するため、温度測定もできます。

例えば、50℃における出力電圧は $50 \times 10.0\text{mV} = 0.50\text{V}$ になります。

この0.50Vを、電圧増幅度 $A_f = 1 + \dfrac{R_2}{R_1} = 1 + \dfrac{12\text{k}}{3\text{k}} = 5$ の非反転増幅回路で増幅すると $0.50\text{V} \times 5 = 2.5\text{V}$ が OP_1 の出力電圧になります。

ここで、IC化温度センサ回路の動作原理を述べます。

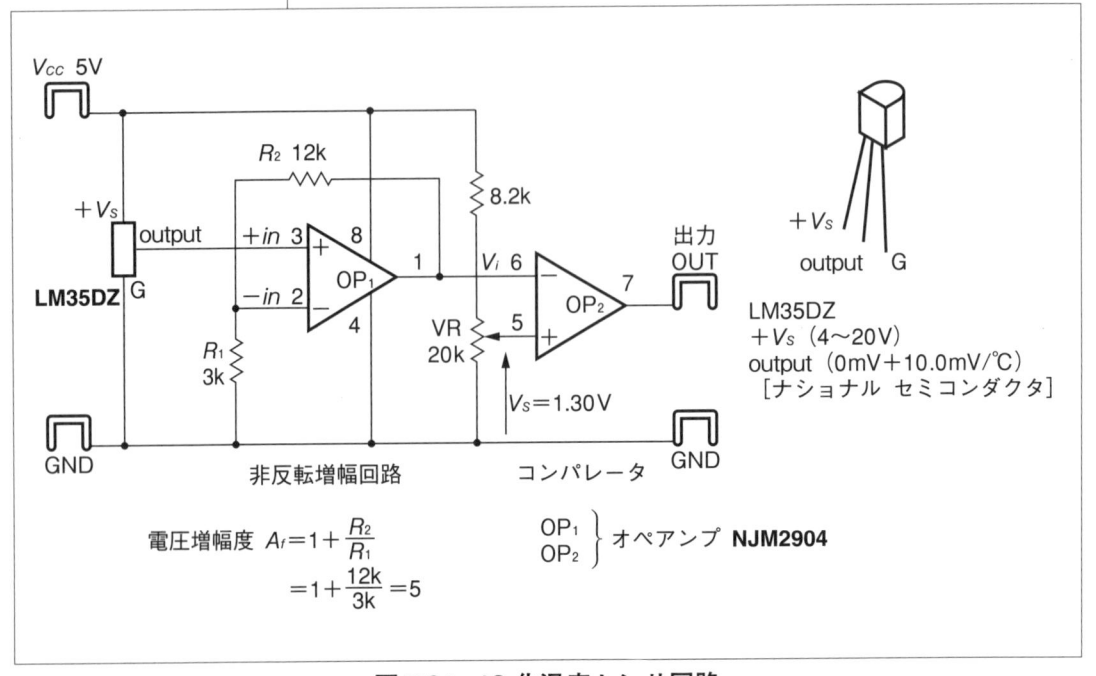

図7.21 IC化温度センサ回路

> **回路の動作**
>
> ① 現在の温度が26℃より低いという条件のもとに、設定温度を26℃とします。このため、ボリュームVRを調整して、コンパレータの比較基準電圧 V_s を1.30Vにします。
> ② LM35DZの温度が26℃より低いときは、コンパレータ OP_2 の二つの入力電圧は $V_s > V_i$ になっているので、OP_2 の出力電圧は"H"になります。
> ③ LM35DZを指先でつまみ、体温でLM35DZの温度を上昇させます。
> ④ LM35DZの温度が26℃に達すると、LM35DZの出力電圧は $26 \times 10.0 \mathrm{mV} = 0.26 \mathrm{V}$ になります。
> ⑤ このとき、OP_1 の出力電圧は $0.26 \times 5 = 1.3 \mathrm{V}$ です。
> ⑥ さらに温度が上昇し、1.3Vを超えると、OP_2 の二つの入力電圧は $V_i > V_s$ になるので、OP_2 の出力電圧は"H"から"L"に反転します。
> ⑦ この回路は、$V_{CC}=5\mathrm{V}$ のため、コンパレータの飽和出力電圧は $V_{OH} \fallingdotseq 3.8\mathrm{V}$ になります。このため、設定温度の上限は約75℃です。

図7.22は、IC化温度センサ回路基板です。

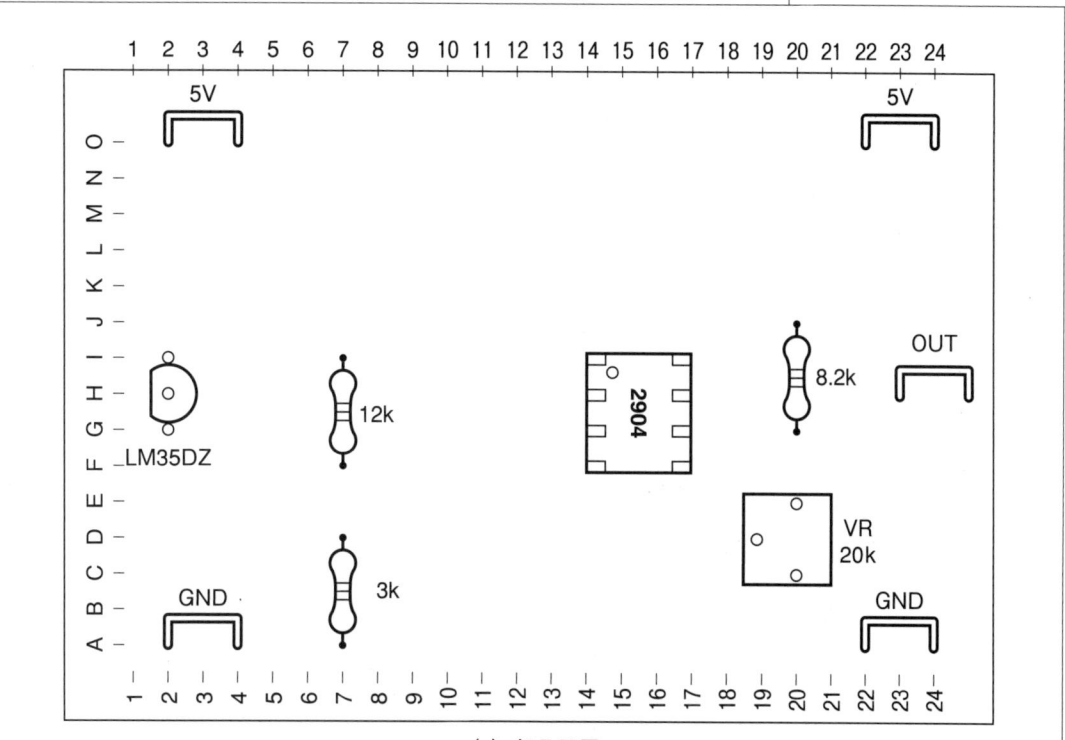

(a) 部品配置

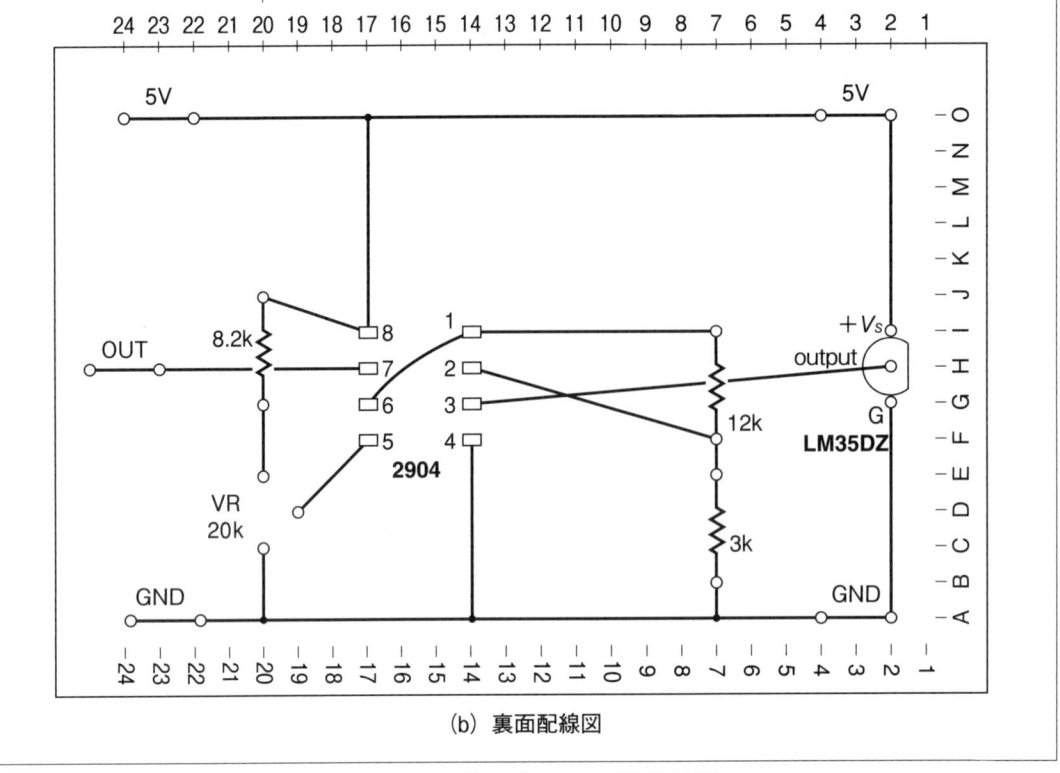

第7章 赤外線リモコンによる単相誘導モータの正転・逆転制御

(b) 裏面配線図

図7.22　IC化温度センサ回路基板

6 リードスイッチ回路

表7.7は、リードスイッチ回路の部品リストです。

表7.7　リードスイッチ回路の部品リスト

部品	型番	規格等		個数	備考	単価（円）
リードスイッチ				1		160
抵抗		180Ω	1/4W	1		5
電解コンデンサ		10μF	16V	1		25
ユニバーサル基板				1	サンハヤト	90
その他		リード線、すずめっき線など				

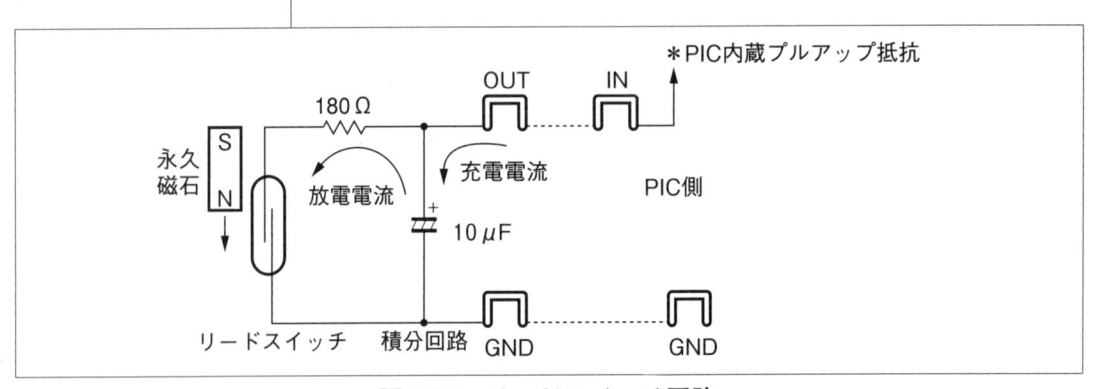

図7.23　リードスイッチ回路

図7.23は、リードスイッチ回路です。その回路基板を図7.24に示

します。

180Ω

リードスイッチ

OUT

10μF

GND

(a) 部品配置

180Ω

OUT

10μF

リードスイッチ

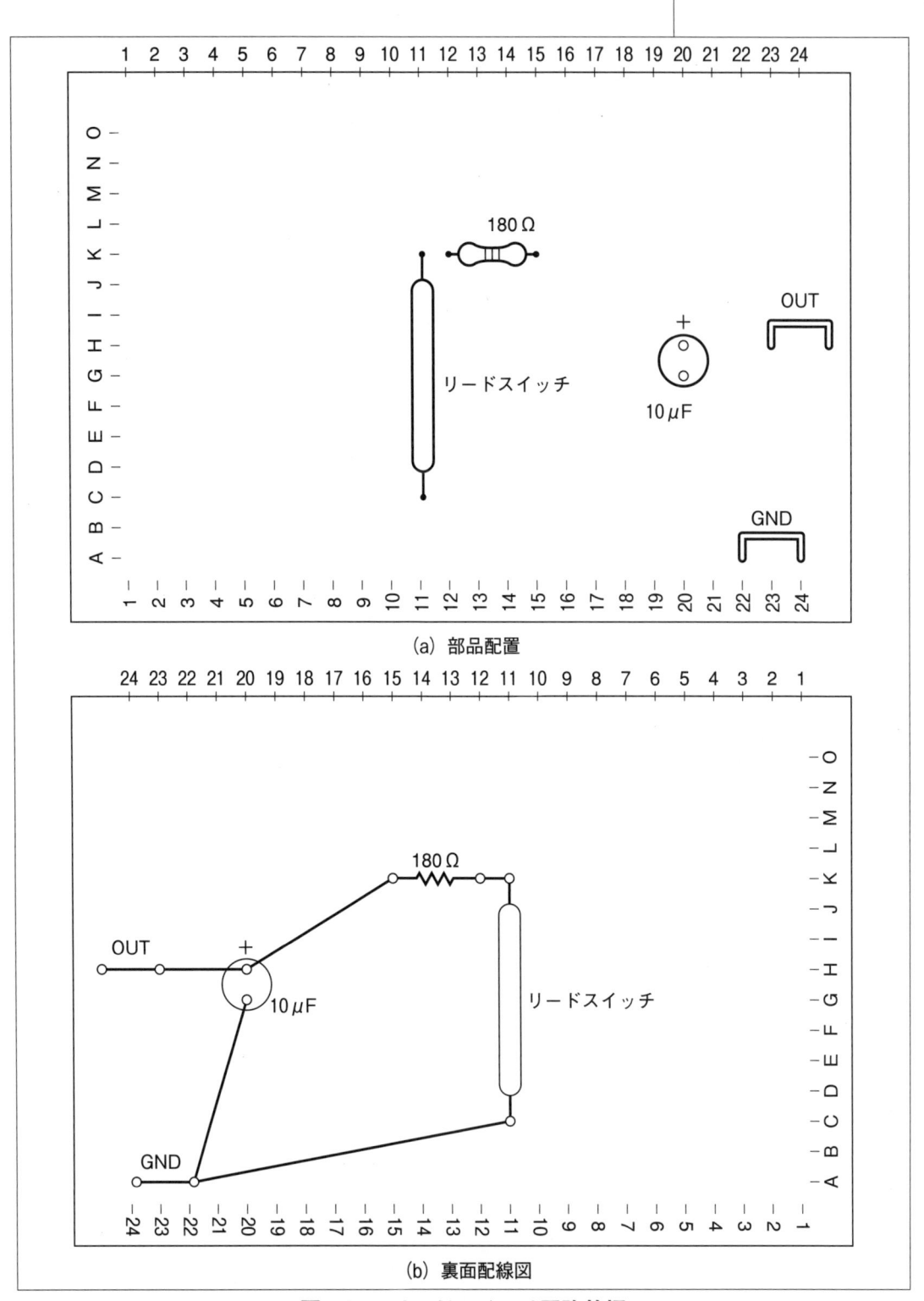

GND

(b) 裏面配線図

図7.24 リードスイッチ回路基板

第7章 赤外線リモコンによる単相誘導モータの正転・逆転制御

リードスイッチの原理

リードスイッチは、磁性体で構成された1対のリード片が不活性ガス入りのガラス管の中に密閉され、磁石を接点部に近づけたり遠ざけたりすることによって、ON-OFFできる機械的スイッチです。

図7.25に、ノーマルオープン型のリードスイッチの構造例を示します。図のように、リードスイッチに永久磁石を近づけます。すると、永久磁石からの磁束がリード片を通り、磁気誘導現象によって、上側の接点にはN極、下側の接点にはS極が誘導されます。よって、磁石の性質からN極とS極は吸引し、接点は閉じます。永久磁石が遠ざかると、誘導された磁極は消失するので、リード片は板ばねの働きにより、接点を開きます。

リードスイッチを磁石によってON-OFFさせると、短時間（0～20ms程度）、接点の接触状態が不安定になり、接点がついたり離れ

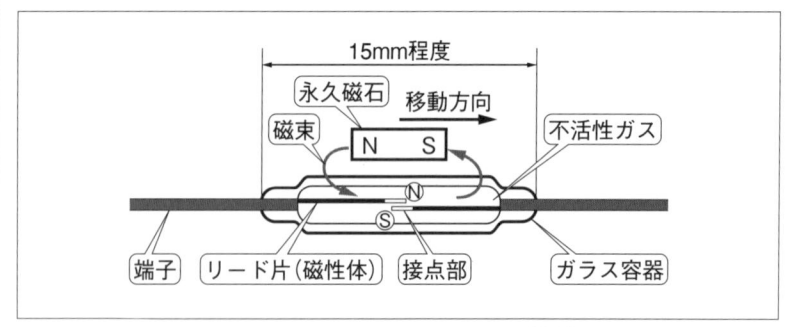

図7.25 リードスイッチの構造

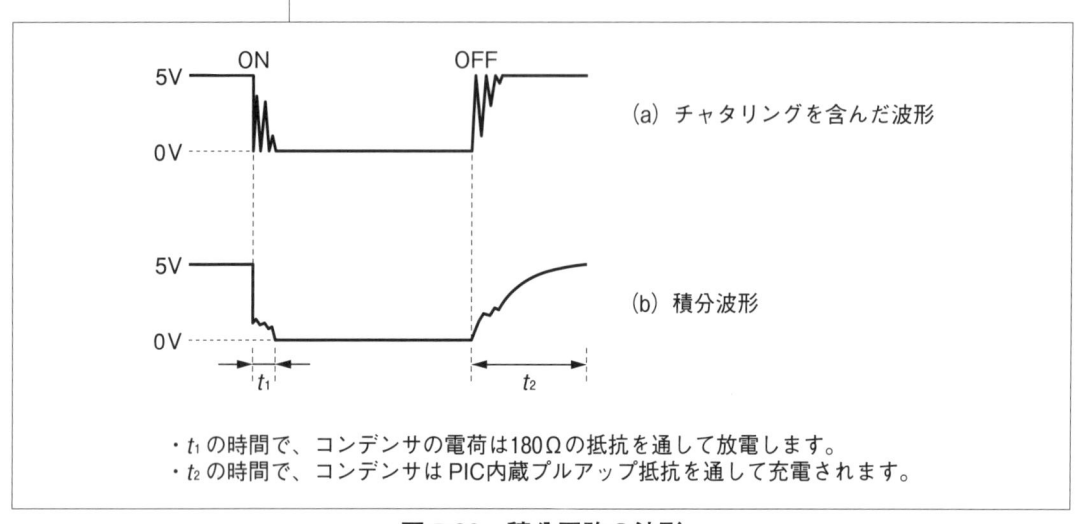

・t_1の時間で、コンデンサの電荷は180Ωの抵抗を通して放電します。
・t_2の時間で、コンデンサはPIC内蔵プルアップ抵抗を通して充電されます。

図7.26 積分回路の波形

たりします。このばたつきのことをチャタリングといいます。

図 7.23 と図 7.26 の積分回路の波形によって、チャタリング除去の動作を見てみましょう。

> **回路の動作**
>
> ① いま、積分回路を構成するコンデンサがなければ、磁石によってリードスイッチが ON-OFF した場合、図 7.23 の出力 OUT の波形は、図 7.26(a) のチャタリングを含んだ波形になります。
> ② しかし、積分回路によってチャタリングは平滑化され、出力 OUT の波形は図 7.26(b) の積分波形になります。コンデンサの電荷は、リードスイッチがついたとき放電し、離れたとき充電されます。
> ③ 出力電圧は、チャタリングの影響を緩和しつつ、約 5V の "H" から 0V の "L" に反転します。

7-4 制御装置と各種センサ回路の接続

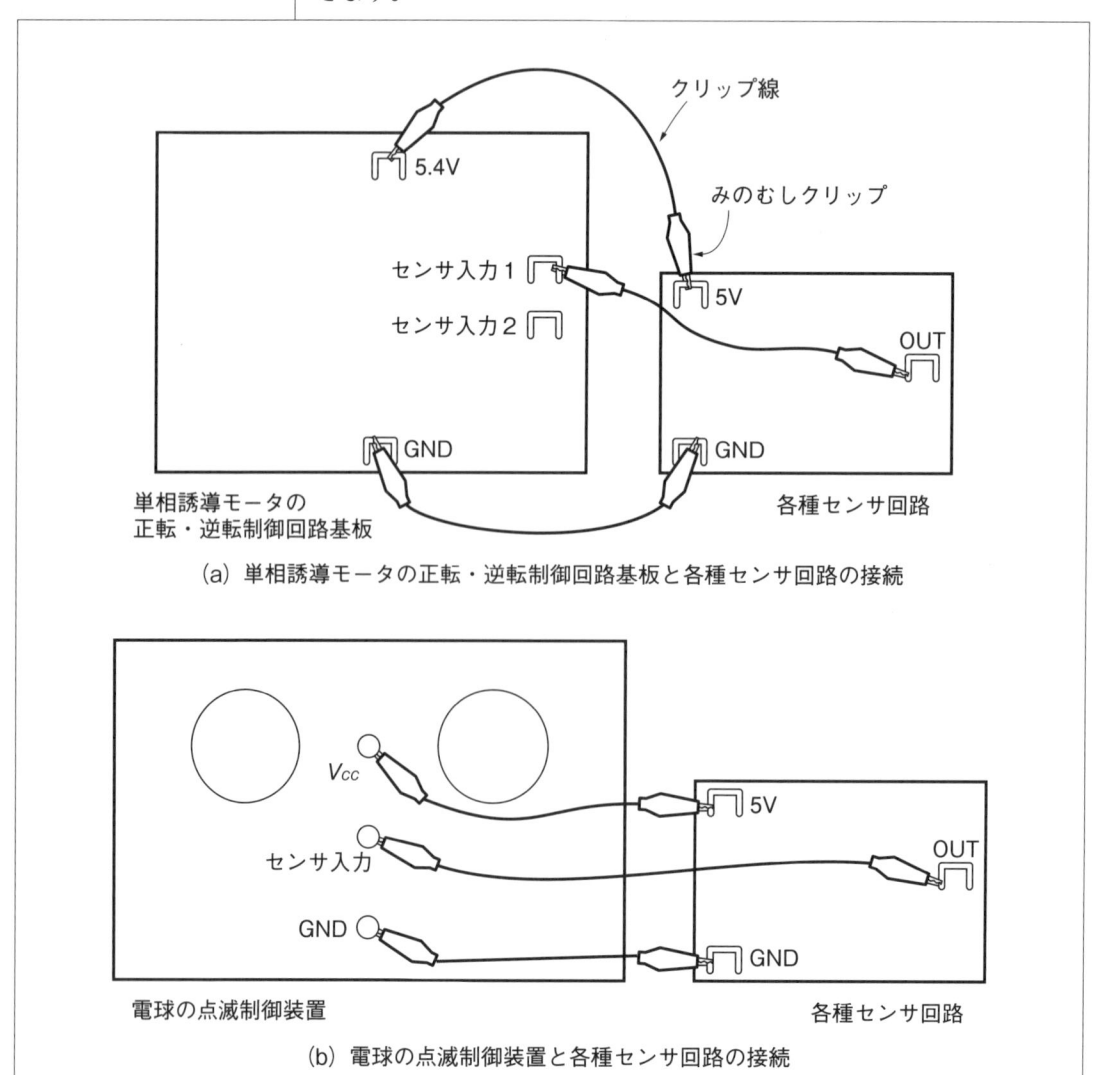

図7.27は、制御装置と各種センサ回路の接続です。接続には、みのむしクリップを使用したクリップ線を使います。

図7.27において、各種センサ回路が働くと、運転中の単相誘導モータは停止し、点灯中のミニクリプトンランプは消灯します。

なお、これらの各種センサ回路は、次のような使い方もできます。モータの停止、ランプの消灯のようなOFF動作とは逆に、各種センサ回路が動作すると、何かが動きだす、光を発光する、音を出すなどのON動作です。防犯装置や工場などでの危険警報装置にも利用できます。

(a) 単相誘導モータの正転・逆転制御回路基板と各種センサ回路の接続

(b) 電球の点滅制御装置と各種センサ回路の接続

図7.27 制御装置と各種センサ回路の接続

索 引

【数字・欧文】

006P	19、47、80
74LS00	151
78L05	19、47
a接点	25、132、136
b接点	25、132
break文	40
C言語	35、36、37
Cコンパイラ	12
c接点	132
CdSセル	51、52、53、143
CdSセル回路	51、53、141
DCモータ	47、48、49、50
DCモータ回路	47、48、49
DCモータドライブIC	47、48
EEPROM	11
I/Oポート	53
IC化温度センサ	154、155
if文	38
LED	25、30、31
LM35DZ	154、155
main関数	37
MPLAB	12
MPU	20
NAND IC	151
NJM2904	143
PCM	12
PIC	9、11、36
PIC16F84A	10、11、19
PICライタ	13
PKS1-4A1	147
PL-IRM0208-A538	15、54
PL-IRM0101-3	54
RISC	11
RS-232C	13
SMB-06	106
SSR	23、25、136
switch〜case文	37
TA7267BP	47、48
TLN108	15
TLP507A	151
TTL互換入力	53
while文	37

【あ行】

アーキテクチャ	9
アクティブロウ	16、17、67、79、95
圧電逆効果	147
圧電効果	147
圧電セラミックス	147
圧電直接効果	147、149
アルカリ乾電池	47
インタロック回路	135
インバータ	151
ウォッチドッグタイマ	35
押しボタンスイッチ	25
オシレータモード	35
音スイッチ回路	144、145
オペアンプ	143

索 引

【か行】

角形乾電池	19、47、80
関数	36
ギヤーボックス	55
キャリア	51、52
キャリア周波数	15、16、19
近赤外線	15、151
組込み関数	39
クランク	47
クロック	20
クロック回路	20
クロック周波数	20
コードプロテクト	35
小型ブザー	106
コンデンサ内蔵セラミック振動子	20
コンデンサマイク	144
コンパイラ	12、35
コンパレータ	143

【さ行】

サージ電圧	136
三端子レギュレータ	19、20、47
シールド線	105
シールドタイプ	54
磁気誘導現象	158
自走キャタピラ車	65、79
自走三輪車	89、90
集積回路	20
自由電子	52
縮小命令セットコンピュータ	11
主巻線	134
シュミットトリガ入力	53
衝撃検知回路	147
衝撃センサ	147
消磁	134
少数キャリア	52
ショックセンサ	147
ショベルドーザ	93、97
シンク電流	11
シングルチップマイコン	9
信号反転器	151
進相用コンデンサ	134
水晶振動子	20
スイッチコード	17、18
スタートビット	17、79、96
スティック	79、81
スナバ	136
スナバ回路	26、136
スレショルド電圧	152
正孔	52
静電容量	49
赤外LED	14、15、19、33、47、151
赤外線	15
赤外線リモコン	14、15、79
赤外線リモコン受信モジュール	15、47、54
積層乾電池	19
積分回路	159
接点火花	49
セラミックコンデンサ	49
セラロック	20
ゼロクロス回路	25、26
センサ	24
ソース電流	11
ソリッドステートリレー	23

【た行】

多数キャリア	52
単相誘導モータ	134、135
チャタリング	159
直流電流増幅率	24
ツインモータギヤーボックス	91
ディレイ	39
デバイスコード	17
電圧比較器	143
電源回路	47

電磁石	132
電流制限抵抗	49
電流増幅作用	24
トライアック	25、26
トランジスタ	24、136

【な行】

流れ図	33
ニッケル水素電池	47
入出力ピン制御関数	37、38、43
入力バッファ	53
ノイズ	49

【は行】

パイプライン処理	11
発光ダイオード	25、30
バリスタ	136
パワーアップタイマ	35
光導電効果	51、52、143
ピニオン	55
非反転増幅回路	144、154
ファイルレジスタ	36
フォークリフト	123
フォトインタラプタ	151
フォトインタラプタ回路	151
フォトカプラ	25
フォトダイオード	15、47
フォトトライアックカプラ	26
フォトトランジスタ	25、151
プラスチックキャスタ	91
フラッシュプログラムメモリ	11
フラッシュメモリ	11
プリプロセッサ	35
プルアップ抵抗	37
ブレーク接点	25
フローチャート	33
プロトタイプ宣言	36

平滑回路	149
変数レジスタ	36、39
飽和出力電圧	145
補助巻線	134
ボリューム VR	53

【ま行】

マイクロコントローラ	9
マイクロスイッチ	46、105
マルチプロセッサ構成	68
ミニクリプトンランプ	23、24
メイク接点	25
メカ・ビートル	45、56、58

【や行】

ユニモルフ	147

【ら行】

リードスイッチ	158
リードスイッチ回路	156
リモコン	14
リレー	23、132、136
励磁	132
ローパスフィルタ	149

【わ行】

ワンチップマイコン	9

《著者紹介》

鈴木美朗志（すずき　みおし）
［学歴］　関東学院大学工学部第二部電気工学科卒業（1969）
　　　　日本大学大学院理工学研究科電気工学専攻修士課程修了（1978）
［現在］　横須賀市立横須賀総合高等学校定時制教諭
　　　　横浜システム工学院専門学校システム工学科非常勤講師

※本書で紹介している記事、プログラムや回路図はその動作を保証するものではありません。それらの利用によって生じた事故・損害においては一切の責任を負いかねますので、ご了承ください。工作時には、各自安全に留意してください。

※本書に記載されている社名、製品名などは一般に各社の登録商標または商標です。なお、本書ではTM、©、®表示を明記しておりません。

> 本書の一部あるいは全部について、株式会社電波新聞社からの文書による許諾を得ずに、無断で複写、複製、転載、テープ化、ファイル化することを禁じます。

わかるマイコン電子工作
PIC＆C言語でつくる赤外線リモコン　　　© 鈴木美朗志 2007

2007年9月20日　第1版第1刷発行

　　　著　者　鈴木美朗志
　　　発行者　平山哲雄
　　　発行所　株式会社 電波新聞社
　　　〒141-8715　東京都品川区東五反田1-11-15
　　　電話　03-3445-8201（販売部ダイヤルイン）
　　　振替　東京00150-3-51961
　　　URL　http://www.dempa.com/

　　　DTP　株式会社 タイプアンドたいぽ
　　　印刷所　奥村印刷株式会社
　　　製本所　株式会社 堅省堂

Printed in Japan　ISBN978-4-88554-942-7　　　落丁・乱丁はお取替えいたします
　　　　　　　　　　　　　　　　　　　　　　　定価はカバーに表示してあります